近代科学的星火燎原

李艳平　编著

广西出版传媒集团 | 广西科学技术出版社

图书在版编目（CIP）数据

近代科学的星火燎原 / 李艳平编著. —南宁：广西科学技术出版社，2012.6（2020.6 重印）

（少年科学文库. 世界科学史漫话丛书）

ISBN 978-7-80619-627-4

Ⅰ. ①近… Ⅱ. ①李… Ⅲ. ①自然科学史—世界—近代—少年读物 Ⅳ. ① N091-49

中国版本图书馆 CIP 数据核字（2012）第 137974 号

世界科学史漫话丛书

近代科学的星火燎原

JINDAI KEXUE DE XINGHUO-LIAOYUAN

李艳平　编著

责任编辑　池庆松　　　**封面设计**　叁壹明道

责任校对　梁　炎　　　**责任印制**　韦文印

出 版 人　卢培钊

出版发行　广西科学技术出版社

（南宁市东葛路 66 号　邮政编码 530023）

印　　刷　永清县晔盛亚胶印有限公司

（永清县工业区大良村西部　邮政编码 065600）

开　　本　700mm × 950mm　1/16

印　　张　17

字　　数　220 千字

版次印次　2020 年 6 月第 1 版第 4 次

书　　号　ISBN 978-7-80619-627-4

定　　价　29.80 元

致二十一世纪的主人

（代　序）

钱三强

21 世纪，对我们中华民族的前途命运，是个关键的历史时期。21 世纪的少年儿童，他们肩负着特殊的历史使命。为此，我们现在的成年人都应多为他们着想，为把他们造就成 21 世纪的优秀人才多尽一份心，多出一份力。人才成长，除了主观因素外，在客观上也需要各种物质的和精神的条件，其中，能否源源不断地为他们提供优质图书，对于少年儿童，在某种意义上说，是一个关键性条件。经验告诉人们，一本好书往往可以造就一个人，而一本坏书则可以毁掉一个人。我几乎天天盼着出版界利用社会主义的出版阵地，为我们 21 世纪的主人多出好书。广西科学技术出版社在这方面做出了令人欣喜的贡献。他们特邀我国科普创作界的一批著名科普作家，编辑出版了大型系列化自然科学普及读物——《少年科学文库》以下简称《文库》。《文库》分“科学知识”、“科技发展史”和“科学文艺”三大类，约计 100 种。《文库》除反映基础学科的知识外，还深人浅出地全面介绍当今世界的科学技术成就，充分体现了 20 世纪90年代科技发展的水平。现在科普读物已有不少，而《文库》这批读物的特有魅力，主要表现在观点新、题材新、角度新和手法新，内容丰富、覆盖面广、插图精美、形式活泼、语言流畅、通俗易懂，富于科学性、可读性、趣味性。因此，说《文库》是开启科技知识宝库的钥匙，缔造21世纪人才的摇篮，并不夸张。《文库》将成为中国少年朋友增长知识，发展智慧，促进成才的亲密朋友。

亲爱的少年朋友们，当你们走上工作岗位的时候，呈现在你们面前的将是一个繁花似锦的、具有高度文明的时代，也是科学技术高度发达的崭新时代。现代科学技术发展速度之快、规模之大、对人类社会的生产和生活产生影响之深，都是过去无法比拟的。我们的少年朋友，要想胜任驾驭时代航船，就必须从现在起努力学习科学，增长知识，扩大眼界，认识社会和自然发展的客观规律，为建设有中国特色的社会主义而艰苦奋斗。

我真诚地相信，在这方面，《文库》将会对你们提供十分有益的帮助，同时我衷心地希望，你们一定为当好21世纪的主人，知难而进，锲而不舍，从书本、从实践吸取现代科学知识的营养，使自己的视野更开阔，思想更活跃，思路更敏捷，更加聪明能干，将来成长为杰出的人才和科学巨匠，为中华民族的科学技术实现划时代的崛起，为中国迈人世界科技先进强国之林而奋斗。

亲爱的少年朋友，祝愿你们奔向未来的航程充满闪光的成功之标。

主编的话

《世界科学史漫话》丛书（共10册），是《少年科学文库》的一个重要组成部分，是我们怀着美好的祝愿和真切的期望献给广大青少年朋友的一份礼物。

当前的时代，是科学技术飞速发展、新科技革命蓬勃兴起的时代。作为未来社会的建设者和主人，应该为着社会的进步和人类的幸福，把自己培养成掌握丰富科学文化知识的创造型人才。

“才以学为本”，“学而为智者，不学而为愚者”。要用人类创造的优秀科学文化成果把自己武装起来。科学史知识是这种创造型人才优化的知识结构中不可或缺的一个组分。任何科学知识的发现和技术成果的发明，都有一个酝酿、产生和发展的过程，这其中不但渗透着科学家们追求真理、献身科学、顽强拼搏、百折不挠、尊重事实、严谨治学的科学精神，而且包含着他们勇于探索、敢于创新、善于创造性地运用类比、模型、猜测、推理和想像等找到突破口的正确思路和科学方法。科学史就是通过这些生动具体、有血有肉的科学探索的史实，告诉人们科学是如何产生、如何发展的，那些名垂青史的科学大师们是如何成长、如何成功的。使读者从中受到感人至深、催人奋进的科学精神的激励，并从科学家们的成功与失败、经验与教训中学习科学方法，培养科学思维，领悟到一点科学创造的“天机”，获得超出课堂知识学习的有益启示。英国哲学家F.培根说：“学史使人明智。”我国近代思想家梁启超也说，学史可以“益人神智”。

所以，对于有志于献身科学技术事业的青少年来说，应该知道毕达哥拉斯、亚里士多德、欧几里得、阿基米德；应该知道墨翟、扁鹊、张衡、李时珍；应该知道牛顿、道尔顿、达尔文、爱因斯坦、居里夫人；应该知道钱三强、丁肇中、李政道、杨振宁，应该知道相对论的提出，核裂变的发现，遗传密码的破译，大爆炸宇宙模型的创立；还应该知道近代以来几次科技革命的兴起和巨大社会意义。

在人类五千年的科技发展中，科学的发现和技术的发明比比皆是、不胜枚举，科学史的园地里真是五彩缤纷、气象万千，我们不可能对这个历史过程作全景式的描述。这套丛书就像一个科学史“导游图”，只是从各个历史时期的科技发展中，选择一些有代表性的典型事件，作为一个个“景点”，引导读者沿着历史的足迹，领略一下用人类智慧构筑成的科学园地奇伟瑰丽的景观。

愿这套丛书能够帮助青少年朋友增长知识，发展智慧，“站在巨人的肩上”迅速成才！

编者

目 录

开　　篇

下篇

15世纪末，伟大的探险家克里斯托弗尔·哥伦布（1451～1506年）发现了美洲大陆。在开发美洲大陆时，欧洲人获得了巨额财富，成为资本主义早期资本积累的重要来源之一，其中最为典型的要算是英国资本主义的发展了。

1640年，英国资产阶级革命爆发。经过长达40余年的斗争，英国以“光荣革命”的形式完成了资产阶级革命，并且成为一个君主立宪的共和国。

资产阶级取得政权之后，生产力得到了进一步的解放。对于科学的发展，英国的条件要优于欧洲大陆诸国。这主要表现在两个方面：英国的“宗教改革”导致“清教”成为国教，而这种宗教对科学的发展至少表现出了某种“宽容”的精神。此外，资产阶级又将科学视为他们的宝贝，用他们的钱袋资助科学研究，这对英国科学事业的发展产生了积极的作用。

17世纪的欧洲确实是人才辈出。上半叶就可列出伽利略、开普勒、耐普尔、笛卡儿、哈维、托里拆利、帕斯卡等。伽利略、开普勒和笛卡儿从不同的角度为哥白尼“日心说”提供了有力的证据。哈维对血液循环理论作出了很好的研究，其功绩就像伽利略在天文学上的发现。这时数学家建立的符号体系，特别是笛卡儿和费尔玛创立的解析几何体系对数学发展做出了不小的贡献。伽利略、笛卡儿对运动学的研究和开普勒对天体运动的研究为力学体系的建立奠定了基础。

17世纪下半叶，为了促进科学发展和协调科学家的研究，一些科学组织纷纷成立，最为有名的是意大利佛罗伦萨科学社（1657年）、英国皇家学会（1662年）、法国皇家科学院（1666年）、德国柏林科学院（1700年）等。科学组织对科学活动的开展极为有利，这使得下半叶的研究成果决不亚于上半叶。较为著名的有波义耳的化学研究，他的名著《怀疑派的化学家》标志着近代化学的进步。牛顿和莱布尼茨关于微积分的研究被人们誉为“人类思维的伟大成果之一”。牛顿的《自然哲学的数学原理》，标志牛顿力学体系的建成。在物理学研究领域中也取得了很大的进步，除了力学，还特别表现在对光的本性的争论上。

像15世纪开始的文艺复兴和16世纪的宗教改革一样，17世纪，科学的体系和方法均建立起来，这样就形成并完成了一场科学革命。其中科学方法的建立，特别是实验方法，伽利略和牛顿等人继承并光复了阿基米德（公元前287～前212年）、列奥纳多·达·芬奇（1452～1519年）等人建立的实证精神，取得了辉煌的成就。而科学方法的思想基础则是弗朗西斯科·培根（1561～1626年）和笛卡儿奠定的。培根的名著是《新工具》，建立了以实验为基础的归纳法；笛卡儿的名著是《方法论》，建立了更注重理性的演绎体系。

科学的方法，简言之，就是要观察、要实验。伽利略、帕斯卡、波义耳、惠更斯、胡克和牛顿等人都十分重视实验和观察。各种实验和观察的仪器也是科学家和技师苦心钻研的对象，并且也取得不少重要成果。例如，望远镜、显微镜、温度计、气压计、计算器、气泵、摆钟等，它们是科学研究的重要工具。

17世纪，由于英国科学发展的辉煌成就，世界科学发展的中心也就自然地从意大利转移到了英国。

18世纪似乎是一个“理性的世纪”，这是针对文艺发展相对贫乏而言的。当时，法国唯物主义思潮是哲学发展的主流。到德国哲学家康德的《纯粹理性批判》问世，则宣告了德国古典哲学的开始，也更加突出了18世纪的“理性”色彩。其实也不尽然，像法国文学家伏尔泰、德国诗人莱辛、歌德、席勒和大音乐家海顿和贝多芬的突出业绩仍是不可轻视的。

18世纪的光辉主要来自两个舞台：英国导演的工业革命和法国导演的民主革命。

从18世纪中期开始，世界科学中心转移到了法国。但英国仗其余威，加上工商业的迅速发展，特别是以纺织业为先导的技术发展，导致它在动力上的特别需求。蒸汽机的改进必然地提到议事日程上来了。对蒸汽机的改进是一个长期的课题，最初它对矿井建设有重要作用（抽水），后来成为推动纺织工业改革的重要组成部分。

蒸汽机技术改进工作中，英国技师瓦特发挥了重要作用。瓦特具有丰富的经验和知识以及坚韧不拔的毅力，他的成功说明科学不仅是科学家的掌中物，技术家也要以此为基础来研究，同时实业家的支持也非常重要。瓦特等人改进蒸汽机的过程还体现了科学的功能有可能作为生产力来表现它的巨大能量。

工业革命首先对英国工业的发展产生了推动作用，例如，1770 年，英国的棉花进口只有2268 吨，煤产量只有 600 万吨，铁产量是 6 万吨；而 1880 年则分别为 24494吨 、1200 万吨和 13 万吨，分别增加了 9.8 倍、1 倍和 1.2 倍。蒸汽机的广泛使用大大改变了世界的面貌，并确定了英国在资本主义世界中的特殊地位。

18 世纪，资产阶级民主革命发生在美国和法国，其中法国资产阶级革命进行得最为彻底。然而，这场革命的酝酿与英国的影响紧密联系，并同大文豪伏尔泰（1694～1778 年）的宣传相关。

伏尔泰仔细地研究了英国的社会，他尤其重视牛顿力学，并把它向法国人做了热情的宣传。为此，法国人认真地谈论科学，并研究牛顿学说。

18 世纪，法国的一件大事是《法国大百科全书》的撰写工作。D. 狄德罗（1713～1784 年）主持这一工作，有众多著名学者参加，花了 30 年的时间才完成。数学和自然科学的内容在书中占据着重要地位，并加以条理化和大众化。百科全书的编纂者形成了一个重要的派别——“百科全书派”。

“百科全书派”热情地宣传唯物主义思想和科学精神，并掀起了一场为资产阶级革命作思想准备的启蒙运动。人民的觉悟，加上“百科全书派”宣传反封建的主张，这些直接导致法国大革命的爆发。

18 世纪的科学发展比 17 世纪显得有些“暗淡”，但仍有自己的特点。

数学的发展最为显著。围绕着微积分的完善和发展，法国出现了一些数学家，并取得了很高的成就。18 世纪以来，法国数学一直保持着自己的优势。另外，欧拉做为最杰出的数学家之一，一生研究了许多数学问题，并在别的学科也做出了重要贡献。

伏尔泰向法国人宣传牛顿力学后，法国人仔细研究了这一体系。他们不但亲自验证了牛顿引力理论，而且利用他们的数学优势，建立起理论力学和天体力学。

化学研究中，施塔尔提出了燃素说，它差不多流行了 50 年。由于普利斯特利、舍勒、卡文迪士的研究，又加上拉瓦锡的革命思想，新的燃烧理论建立了起来，燃素说退出了历史舞台。在法国大革命爆发的当年，拉瓦锡出版了《化学基本教程》，它可以被看作化学革命的标志。

地质学的发展始终围绕火成论和水成论之间的争论，最后以火成论的成功而告终。

生物学研究中，林奈提出了著名的分类系统，这种分类系统至今仍发挥着作用。医学研究中，英国的詹纳发明了牛痘接种法，这对消灭传染病提供了有效的途径和有益的提示。

18 世纪的物理学虽然有些“暗淡”，世纪初牛顿的光学研究仍有很高的水平。热学中温度计的研制和各种温标的规定，以及比热理论的研究颇具成绩，它们还对蒸汽机的研究产生了重要的作用。电学上卡文迪士和库仑对静电力的研究取得了重要的成果。此外，卡文迪士首次测定了万有引力常数。在计量制度上，法国大革命后，法国人确立了米制，并确定了它的长度。

天文学上，一位音乐家赫舍尔发现了第 6 颗行星——天王星。康德和拉普拉斯各自独立地建立了星云假说，这种学说在当时盛行的机械自然观上打开了第一个缺口；在今天看来，它的思想仍有很多的合理因素。

18 世纪以前，工场中已使用了许多设备，如卷扬机、碎矿机、水泵、车床、镗床、磨床等。制造水平也是很高的，如钟表的误差每昼夜只有0.1秒，且体积小得像一块怀表。又如水磨，它可以由一台水轮通过一套传动机构带动两台磨。这样的钟表和水磨装置为机器制造业的出现作了技术的准备。此外，技艺高超、经验丰富的技术工匠也为工业的进一步发展提供了保证。为了保证技术发明者的合法权益，英国制定了世界上最早的“发明专利法”。

18世纪，工业革命前后带来了一系列技术的进步。而为了更加持久地保持这种进步，法国人十分重视教育的作用。在世纪中叶，他们先后建立了建筑学校、造船学校和兵工学校，后来德国建立了一所矿山学校。世纪末，法国又建立了著名的综合技术学校。这所学校为法国培养了一大批著名的科学家，使法国在19世纪（至少是上半叶）保持了科学领先的地位。

17世纪的科学革命和18世纪的工业革命（也称第一次技术革命）大大改变了世界的面貌，加速了世界文明的进程。

恰恰就在西方近代科学体系建立之际，本来一直处在领先地位的中国科技，这时却变得力不从心而开始落伍。为什么会有这样的局面发生呢？这的确是一个值得人们深思的重大课题，并且至今仍未得到一个全面的答案！有志于此的青少年朋友们，不妨在此领域一展雄才。

数力篇

伽利略大船

行驶在无垠的海面上的大船，能把乘客载向未知的世界，给人带来幻想与发现。而在科学史上，思想中的大船也帮助科学家解决过科学上的疑难问题。

今天，人们都知道，地球是环绕太阳公转并环绕地轴自转的。可是在古代，人们却长期以为地球是静止不动的，日月星辰环绕地球运动。显然，这是一种错误的看法。早在公元前四五世纪，古代希腊和中国就有一些出类拔萃的学者，提出过地球在运转的思想。这种正确的新思想却长期被人们反对。他们质问道，如果地球真的在动，那么地球上的人总该有所觉察吧？

在公元1世纪的东汉初期，我国有一位著名学者，为了解除人们对地动学说的怀疑，做过一个有趣的实验：在一个风平浪静的日子里，他把自己“禁闭”在一艘大船的船舱里，门窗统统关严，使船外的景物一点也看不见。船开稳后，他竟不知道船在行驶。平时乘客感到船在行驶，不外乎这样一些原因：一是船的速度的大小和方向发生明显的变化，二是乘客看到外面的景物在向后退去。因为大船在平静的水面上平稳地行驶，而关在船舱里的人又看不见船外景物，所以他就无法判断船是不是在运动了。通过这一实验，这位学者就理直气壮地宣布：地球是在不停地运转着的，只是我们觉察不到罢了；这就像人坐在关严的船舱里，觉察不到船在开行一样。这个故事记载在东汉的《尚书纬·考灵曜》这部奇书中。

不过，严格说来，那位东汉学者的实验，并没有直接演示地球在运转，它只是说明了运动的相对性。真正使地动学说站得住脚的是伟大的波兰天文学家哥白尼（1473～1543年）。他在1543年临终时发表了他的伟大著作《天体运行论》，阐述了太阳中心说，认为地球每天绕地轴旋转一周，并每年绕太阳运行一周。哥白尼把地球从宇宙中心位置降为一颗绕太阳公转的普通行星。除了宗教神学对这一理论加以严禁，科学界也向这一理论提出了诘难。他们的诘难与中国古人的如出一辙：如果地球在围绕太阳转动，那为什么生活在地球上的人没有觉察到这种运动？或者说，为什么飞鸟、蚊虫没有被地球甩在后面？哥白尼也曾与我国东汉学者一样，用人坐在关严的船舱里觉察不到船在开行的例子，来说服怀疑论者们。

1632年，著名的意大利物理学家伽里莱·伽利略（1564～1642年）的伟大著作《关于托勒密和哥白尼两大世界体系的对话》发表了。伽利略也以一个想象的大船实验更细致地回答了对哥白尼体系提出的科学质疑，对哥白尼学说作出了理性论证。这部著作中有3个人物：萨尔维阿蒂是哥白尼学说的拥护者，辛普利邱是亚里士多德的信徒，沙格列陀扮演中立的仲裁人。大船是萨尔维阿蒂描述的，他用精彩的描述说明，在做匀速直线运动的大船里发生的力学现象和船在静止时发生的力学现象是一样的。这个结论为哥白尼的太阳中心说提供了力学基础。

图2－1　伽里莱·伽利略（1564～1642年）

伽利略写道：把你和一些朋友，关在一条大船甲板下的主舱里，再让你们带几只苍蝇、蝴蝶和其他小飞虫。舱内放一只大水碗，其中放几

条鱼。然后，挂上一个水瓶，让水一滴一滴地滴到下面的一个宽口罐里。船停着不动时，你留神观察，小虫都以等速向各方向飞行，鱼向各个方向随便游动，水滴滴进下面的罐子中。你把任何东西扔给你的朋友时，只要距离相等，向这一方向不必比另一方向用更多的力，你双脚齐跳，无论向哪个方向，跳过的距离都相等。当你仔细地观察这些事情后，再使船以任何速度前进，只要运动是匀速的，也不忽左忽右地摆动，你将发现，所有上述现象丝毫没有变化，你也无法从其中任何一个现象来确定，船是在运动还是停止不动。即使船运动得相当快，在跳跃时，你将和以前一样，在船底板上跳过相同的距离，你跳向船尾也不会比跳向船头来得远，虽然你跳到空中时，脚下的船底板向着你跳的相反方向移动。你把不论什么东西扔给你的同伴时，不论他是在船头还是在船尾，只要你自己站在对面，也并不需要用更多的力。水滴将像先前一样，滴进下面的罐子，一滴也不会滴向船尾，虽然水滴在空中时，船已行驶了一段距离。鱼在水中游向水碗前部所用的力，不比游向水碗后部来得大；它们一样悠闲地游向放在水碗边缘任何地方的食饵。最后，蝴蝶和苍蝇继续随便地到处飞行，它们也决不会向船尾集中，并不因为它们可能长时间留在空中，脱离了船的运动，为赶上船的运动显出累的样子。

图2－2　《关于托勒密和哥白尼两大世界体系的对话》的封面图

伽利略所描绘的大船里的现象表明，在封闭的船舱中做任何观察和实验，都不可能发现船是停泊在港口还是以均匀的速度行驶在海上。这种情况是任何人都能想象得出来或体验过的。这说明，在一个惯性系里，物体运动的特性，在其他惯性系里也会毫无差别地表现出来。或者说，在相对作匀速直线运动的所有惯性系里，物体的运动遵从同样的规律。这个结论就是伽利略相对性原理，虽然伽利略当时还没有作出如此明确的概括。这个原理的发现，是人类科学认识的一次飞跃，没有它，物理学不可能取得以后的重大进展。

吊灯的启示

意大利北部城市比萨，风景优美，气候宜人。1583年的一天，年轻的伽利略正在街上散步，路边大教堂华丽的圆拱门引起了他的注意。他漫步走向教堂，也许他想欣赏一下教堂的内部结构，也许是想进去祈祷。伽利略跨进了庄严静寂的教堂，静坐在长凳上。他举目四顾，看见了美丽的祭坛，彩色的嵌镶砖，以及几百年前从希腊废墟中运来修建这座教堂的大理石圆柱。

忽然，一个摇晃的东西映入伽利略的眼帘，一位修理工人不经意地触动了教堂中央的大吊灯，而摆动着的大吊灯却引起了伽利略的注意，他走上几步去仔细观察。吊灯开始在一个比较大的圆弧上摆动，当摆幅逐渐变小时，摆的速度也逐渐变慢，但是，摆动的节奏似乎并无变化。伽利略感到有些奇怪。他两眼盯着来回摆动的吊灯，同时把右手指按在左手腕上，默数着脉搏跳动的次数。借助脉搏的跳动，伽利略发现，不管吊灯摆动轨线是长还是短，吊灯从左摆向右，再从右摆回左所用的时间都是相同的，即吊灯摆动时有一个稳定的周期。

这个意外的发现，引起了伽利略的惊奇与深思。他冲出教堂大门，回到他的住处，立即动手进行实验研究。他找来不同重量的物体，悬挂在不同长度的绳索上进行实验，他用一只沙钟记时。伽利略认真地记录了实验所取得的数据。

他选用各种大小、不同重量的物体，更换不同质料的悬线：丝线、

图 2－3　吊灯与单摆

麻线、铁链，改变悬线的长度，为了增加摆长，他还爬上树去，在高高的树枝上悬挂起一个长摆。无数次实验后，伽利略总结出摆动规律。摆动周期与悬挂物体，即摆锤的质量、大小无关，与摆线的质料无关，只取决于摆的长度，而且摆动周期的平方与摆长成正比，即“长度相同的摆周期相同”。

发现摆的周期规律后，伽利略将研究成果转向实用方面，发明制作了一种脉搏计。这种仪器的主要部分是一个小小的摆，医生可用它来测定病人脉搏跳动的急缓程度，帮助医生诊断病情。我们现在所用的有摆时钟，就是从这个装置转化而来的。当伽利略向比萨大学的教授们讲述他的发现和发明的时候，他们都很留心听他叙述，很欣赏他制造的脉搏计，不过他们没有注意到在摆动规律中所包含的深刻的物理学内容。摆的研究将对精确计时装置的设计，对揭开天体运动的奥秘起重要作用。

也许无数的人都见过吊灯摆动这一现象，然而只有伽利略，首先认真地观察它，研究它，发现了重要的科学规律。伽利略是一位伟大的科学家，他的成功给我们以启迪。他能敏感地抓住大自然给人类的机遇的启发。他还运用了一种新的科学研究方法，这就是科学实验，而不仅仅是从古代权威的书本中去寻找答案。他敢于反传统，不迷信权威。

1656年，在伽利略发现摆动规律后70余年，荷兰物理学家克里斯琴·惠更斯（1629～1695年）制成了第一座精密计时的摆钟，他所依据的就是伽利略提出的摆的等时性原理。在以后的近20年的时间里，惠更斯对摆进行了长期的研究，建立了摆的数学理论，他导出单摆的运动定律，即周期公式：

$$T=2\pi\sqrt{\frac{l}{g}}$$

l为摆长，g为重力加速度。根据这一公式，他在巴黎用一个周期为2秒的摆，精确测出摆长，第一个计算出了重力加速度值。惠更斯的精密时钟还在天文学和远洋航海中起了重要作用。

精密摆钟的发明，为发现重量和质量两个概念的差别提供了一个条件。1671年，法国科学院派遣天文学家让·里切尔（1630～1696年）带领一个远征考察队，到赤道附近的卡因岛进行天文观测。考察队奇怪地发现，从法国带来的一台天文钟，比在巴黎时每昼夜总要慢2分半钟。为了使这个钟和在巴黎时走得一样快，他们把钟摆的长度由994厘米截短到990厘米。回到巴黎后，这摆又太短了。里切尔的发现表明，卡因岛地方的重力加速度，要比巴黎地方的小，或者说，一个物体在赤道地方受的引力（即重力）要比在两极附近受的引力小。同一物体在地球表面不同地点所受重力不同的事实，使重量概念和质量概念的差异变得明显了。

把变量引进数学

16 到 18 世纪是从常量数学到变量数学的转折时期，法国数学家、哲学家和物理学家勒内·笛卡儿（1596～1650 年）所创立的解析几何是变量数学的基础之一。

笛卡儿生于一个富有的律师家庭，年仅 1 岁母亲就去世了。笛卡儿自幼体弱多病，患有慢性气管炎，所以早晨只能在床上读书，从小养成了宁静好思的习惯。1612 年，笛卡儿从法国当时著名的拉费里舍的耶稣会学校毕业，进入普瓦捷大学攻读法学，1616 年获得博士学位。大学毕业后，笛卡儿没有继承家庭的传统职业。他先到军队里当了几年兵，又先后到德国、丹麦、荷兰、瑞士和意大利等国游历，所见所闻丰富了他的见识，更重要的是使他广泛了解了当时科学研究所取得的成果。1628 年，32 岁的笛卡儿定居荷兰，他在那里生活了 20 年，写出了一系列哲学、数学和自然科学著作。1649 年，瑞典女王克里斯蒂娜为了有哲学家的侍奉以光辉她的宫庭，邀请笛卡儿为她讲授哲学。这位号称开明君主的女王，为了表明自己重视学术，派了一艘军舰专程迎接笛卡儿前往首都斯德哥尔摩。9 月笛卡儿到达了这个寒冷的北欧国家。在瑞典，女王要求笛卡儿每周有 3 天在早晨 5 点钟为她上课。这大大违反了笛卡儿晚起的习惯。这个冬天还没有过去，严寒就使体格孱弱的笛卡儿得了肺炎，1650 年 2 月便病逝了。

笛卡儿不仅是一个科学家，同时又是一位思想深邃的思想家。他的

哲学思考为自然科学摆脱经院哲学的束缚提供了武器，他所倡导的认识方法对自然科学产生了很大影响。笛卡儿提出，要以理性主义来对付经院哲学的信仰主义，反对经院哲学家们以某些宗教信仰为依据得出结论的认识方法。他号召人们用“怀疑”的眼光代替盲从和迷信，他认为人们只有依靠理性才能获得真理。

图 2－4 勒内·笛卡儿
(1596～1650 年)

笛卡儿对数学的最大贡献是创立了解析几何学。解析几何是把代数学和几何学结合起来，把数和形统一起来的一种新方法。这种结合的最简单形式就是坐标。到 17 世纪，数学中需要处理的许多问题都与变量有关，例如求任何一条曲线的切线，求曲线下的面积，求极大值、极小值等。这些问题单纯用几何学方法求解往往十分困难，而用代数方法加以解决又缺少几何学那种直观性。于是笛卡儿就巧妙地将两者有机地结合起来，诞生了一门新学科，就是解析几何学。

笛卡儿认为数学比其他科学更符合理性的要求。笛卡儿是以三种身份结合起来研究数学的，即作为哲学家、自然的研究者、一个关心数学用途的人。他的基本思想是要建立起一种普遍的数学，把几何学和代数学结合起来，使它们相互取长补短，以便把数学从以往烦琐的几何证明和令人费解的代数规则中解放出来。笛卡儿说：“我决心放弃那个仅仅是抽象的几何。这就是说，不再去考虑那些仅仅是用来练习思维的问题。我这样做，是为了研究另一种几何，即目的在于解释自然现象的几何。”

笛卡儿的解析几何学著作《几何学》发表于 1637 年，它的核心思想是用代数方程来表示几何曲线。他指出，几何曲线是那些可用一个唯一的含 x 和 y 的有限次代数方程来表示的曲线。如果代数方程是一次的，那么在坐标系内画出的曲线便是一条直线；如果方程是二次的，那么曲线就是一个圆锥曲线。这真是一种奇妙的对应。《几何学》中，笛卡儿表达了变量与函数的思想，不过他没有使用这两个术语。笛卡儿所说的变量，是指其长度有变化而方向不变的线段，还指连续经过坐标轴上所有点的数字变量。正是变量的这两种形式，使笛卡儿创造了一种几何和代数相互渗透的科学。

笛卡儿的变量观念，还导出了另外一项更有意义的结果。在解析几何中，坐标的连续变化导致了被坐标确定的点的位置的变化，这样就得到了动点的观念。笛卡儿认为，动点的轨迹就是几何曲线。由于物理学家们把物体运动的曲线看作是动点的路径，因此笛卡儿就把他的数学研究与物理学问题联系起来了。伽利略曾经证明，斜抛物体的路径是一条抛物线。这样，笛卡儿的解析几何的创立为物体运动的研究提供了数学上的表达方式和计算工具。

笛卡儿的功绩是把数学中两个研究对象“形”与“数”统一起来，并在数学中引入“变量”，完成了数学史上一项划时代的变革。恩格斯对他的工作给予极高的评价：“数学中的转折点是笛卡儿的变数，有了变数，运动进入了数学，有了变数，辩证法进入了数学，有了变数，微分和积分也就立刻成为必要的了。”

笛卡儿的解析几何学的诞生，为自然科学的研究提供了迫切需要的数量工具。当时自然科学中发展比较快的主要是力学。解析几何的坐标方法给力学研究带来方便。在一个运动系统中建立坐标系后，就可以对力进行分解，对运动进行分解，就便于把一个复杂问题分解为几个简单问题，从而使问题易于解决。反过来，坐标系的建立，也便于对力进行合成，对运动进行叠加。这些方法渗透在那个时代物理学家的研究工作中。笛卡儿用代数求曲线切线的方法，也得到许多物理学家的应用。英国科学史家丹皮尔在评价笛卡儿的解析几何时说：“有了这个方法，许

多物理学的问题，从前不能或不易解决的，现在都可以解决了。”笛卡儿创立了解析几何学，使人类进入了无比精确、丰富、诱人的高等数学领域。

微积分的创建

高等数学是从解析几何学的创立开始的，到微积分学的问世而完备。微积分学的创立是17世纪数学史上的一项大事。当时科学技术的发展向数学提出了一系列的问题。比如在远洋航行中，要确定船舶的位置，要求能精确地测定地球的经纬度，这就要精确地了解日月星辰的运动规律。船舶性能的提高，必须探讨流体运动的复杂规律。制造枪炮，需要研究炮弹飞行的轨迹。对于这些研究来说，初等数学显得力不从心，不够用了；这就要求找到能够精确地描述物体运动变化复杂过程的数学方法，也就是说要发展变量数学，就是高等数学。微积分作为变量数学的主要部分，便应运而生了。

17世纪的许多科学家，对变量问题都十分关注，他们做了大量的研究工作，解决了一些具体问题。大科学家艾萨克·牛顿（1642~1727年）和德国数学家戈特弗里德·威廉·莱布尼兹（1646~1716年）总结和发展了前人的研究，好不容易创立了微积分学。

牛顿大学时的老师艾萨克·巴罗（1630~1677年）曾经试图解决一些具体的变量问题，他提出的一些新概念和解决问题所采用的方法都对牛顿产生了影响。牛顿还阅读了笛卡儿等人的数学著作。牛顿把变化的量称为流，而变量的变化率称为流数，把他所创立的微积分方法称为流数术。利用流数术，也就是微积分方法，可以解决许多力学问题。

如果已经知道了物体运动的轨迹，也就是说知道了位置随时间的变化情况，求物体在不同时刻的运动速度，就是一个微分问题。要是已经知道了物体的速度随时间的变化情况，要求物体的运动轨迹或路程，则是一个积分问题。牛顿发现，微分运算和积分运算是互逆的，就如减法和加法是互逆的一样。他总结出一系列简单的运算法则，使微积分成为解决运动变化问题的非常有效的数学方法。

莱布尼兹是一位德国数学家和哲学家。他用不同于牛顿的方法也独立地发明了微积分。他首先解决求曲线切线和曲线下的面积问题。他的基本思想是把一条曲线下的面积分割成许多小矩形，矩形与曲线之间有一个微小的直角三角形，它的两边分别是曲线上相邻两点纵坐标和横坐标之差。当这两个差无限减小时，曲线上的相邻两点便无限接近。联结这样的两点就得出曲线在该点的切线。莱布尼兹称这种方法为求差方法，就是我们今天说的微分方法。求差的反面就是求和也就是积分。当曲线下的矩形分割得无限小时，矩形上面的那个三角形可以忽略不计，此时就用这些矩形之和代表曲线下的面积（如图 2-5 所示）。建立了求差和求和方法以后，莱布尼兹用这种方法解决了求极大值、极小值问题，还给出了一些微积分的基本法则。莱布尼兹首创的表示微积分的符号，比牛顿所使用的符号要简捷，成为后人通常使用的微积分符号。

微积分创立以后，产生了一场关于这项发明的优先权的争论。后人经过大量调查证明，牛顿的大部分工作是在莱布尼兹之前做的，但是他一直没有公开发表，只是通知了一些朋友；而莱布尼兹也是微积分主要思想的独立发明者。这场关于优先权的争论使数学家分成两派。欧洲大陆的数学

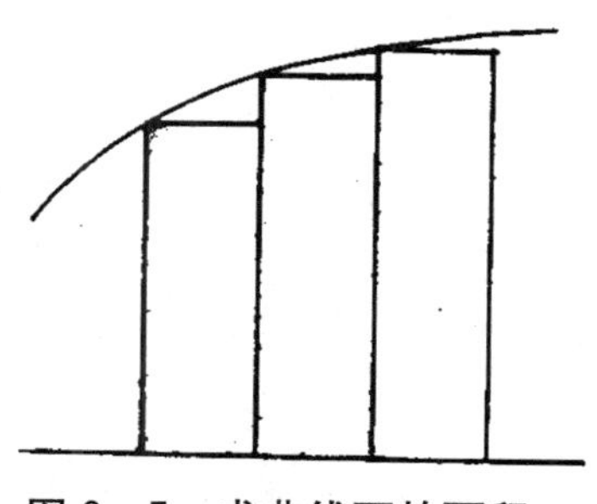

图 2－5　求曲线下的面积

家们支持莱布尼兹，英国的数学家们则捍卫牛顿。两派不和甚至发展到尖锐地互相敌对。结果导致英国数学家和欧洲大陆的数学家们停止了思想交换。在牛顿逝世后大约100年的时间里，欧洲大陆的数学家们使用莱布尼兹的方法，并使它发展完善；英国的数学家们则继续沿用牛顿的方法，拒绝采用由莱布尼兹的方法发展起来的简捷计算方法，英国的数学家们失去了他们在世界上的领先地位，数学也损失了最有才能的人应该可以做出的贡献。

落体实验

关于落体的运动规律，亚里士多德的观点一直流行到 17 世纪。亚里士多德认为，重的东西比轻的东西下落得快一些。他说：“如果一物体的重量为另一物体重量的 2 倍，则它走过一给定距离只需一半的时间。”在解释重物下坠，而烟焰腾空的原因时，亚里士多德认为，物体都具有自己的“天然位置”，重物的天然位置在地心，而烟焰的天然位置在天上。物体本身具有回到天然位置的倾向，因此重物垂直下落，烟焰就自然升空了。亚里士多德通过观察还发现，下落物体的速度在物体越接近地球时越大。他的学派对这一现象作出解释说，落体越是接近终点，物体奔向它的天然位置的愿望就越强烈，所以就落得越来越快了。亚里士多德关于物体运动的理论有一定的经验基础，但是他对经验的概括缺乏科学性，在解释现象时，他又提出了一些没有经验依据的假说。不过他的学说在两千多年的长时间里，却一直统治着人们的头脑，成了科学进步的障碍。伽利略对落体的研究，为扫除这一障碍做出了贡献。

1589 年，年仅 25 岁的伽利略受聘于比萨大学任数学教授。这时，由于摆的研究和发明了脉搏器，伽利略在学术界已经有了一定名望。在教学中，伽利略不是引经据典，用亚里士多德的学说来判断是非，而是经常做些实验，并由此总结出自然规律来。他还公开提出对亚里士多德观点的怀疑，这在当时看来是大逆不道的。教学之余，伽利略继续他的力学实验研究。在摆的研究中，他已经发现了这样的事实，对于同样长度的摆，不论摆锤的重量如何，从同一高度落到最低点，总是需要相同的时间。伽利略想到，也许不同重量的物体从同一高度下落，也会在相同的时间到达地面。这一猜测显然是与亚里士多德的观点相矛盾的。为了证明他的猜测，伽利略收集了各种轻重不同的物体，动手做了初步实验。要使实验效果更为明显，必须要加大落体下落的距离，伽利略想到了比萨斜塔。

比萨斜塔始建于1174年，由于地基打得不深，在即将竣工时，地基就开始下陷。经检查，断定塔身虽已倾斜，却不致倒塌，因而又继续施工，于1273年建成。这座塔高56米，建成之后倾斜程度不断加大，现已倾斜4.5米。这座塔塔身高大，装饰精美，加上它的倾斜，成为世界闻名的建筑奇迹。

据伽利略晚年的一个学生说，伽利略决定要到比萨斜塔上去做落体实验后，就在学校贴出广告，欢迎人们前去观看。实验这一天，果然有不少人聚集在斜塔下面。伽利略首先向大家说明他做实验的目的和方法。他说，实验的结果将证明亚里士多德关于落体问题的论述是错误的，而且也将得出正确的落体定律，他相信，观看者在亲眼目睹了实验后，一定会同意他的观点。实验开始了，伽利略的学生们带着盛有重物的匣子爬上塔去，他们分别到达二层、三层和最高的塔顶。首先是到达二层的学生将不同重量的几个物体同时从匣中落下，接着是三层和塔顶的学生。从二层落下的重物，不管重量如何，它们同时落地了，三层释放的重物也一起落地了，塔顶落下的重物也是一样。实验结果说明，轻重不同的物体从同一高度落下，到达地面的时间是相同的。伽利略原来认为，斜塔实验的结果一定会引起人们的激动，然而当他转身看观众时，却发现他们呆呆地站在那里。那些有名的教授们宁愿相信千余年前“圣人”的权威理论，而不赞同眼前这位大胆的年轻人的实验结果。

在伽利略本人的著作中，没有描述过这次比萨斜塔实验。有的学者考证，这是后人编出来的虚假故事。不过伽利略确是通过更为严密的推

图 2－6　比萨斜塔落体实验

理和斜面实验的研究，而得到自由落体的运动规律的。

伽利略明确指出，应该摆脱两千年来关于落体产生加速度的原因的争论。他认为，只有准确地描述落体的运动过程，才能正确地揭示引起落体运动的原因。为了描述物体的运动情况，伽利略把时间和空间概念引入了物理学。他已经认识到落体的速度在下落过程中会逐渐增加，他假定，落体的运动是匀加速运动。他认为，自然界“总是习惯于运用最简单和最容易的手段”行动，所以自由落体运动速度的增加“是以极简单和为人们十分容易理解的方式进行的”。伽利略所说的匀加速运动是指在相等的时间内，速度的增加也是相等的。

这样的假定是否符合落体的运动情况呢？伽利略认为应该通过实验来检验。但是，在当时的实验条件下，要直接测量下落物体速度的增加 Δv 和时间 Δt，以确定 $\Delta v/\Delta t$ 在下落过程中是否是不变的，根本是无法实现的。伽利略认为，如果能从这个假设导出推论，而又能用实验证明这个推论，那么原先的假设也就是正确的了。

伽利略转向数学，采用图解法和几何法进行推理，最后得出结论说，一个从静止开始以一个均匀加速度加速运动的物体，经过任一距离所花的时间，等于该物体以一个均匀速度运动经过同样距离所花的时间，这个均匀速度的值等于最高速度和加速开始前速度的平均值，也就是末速度的一半。如果我们用 t 表示这段时间，表示物体的最后速度，s 表示物体经过的距离，则上述结论表示为：

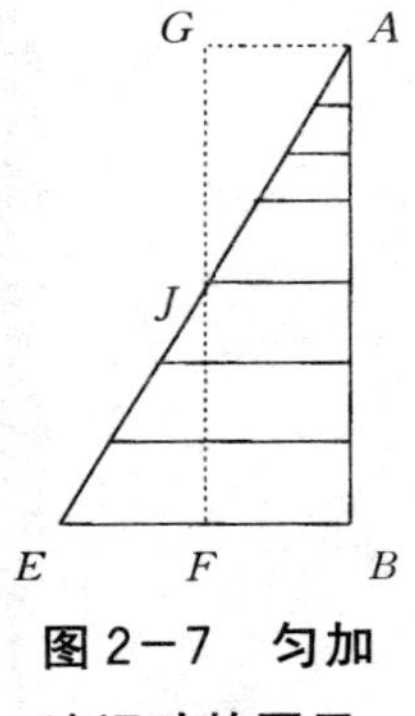

图 2－7　匀加速运动的图示

$$s=\frac{1}{2}vt$$

伽利略用右图作出说明。AB 表示时间 t，线表示各时刻的速度，面积 ABE 表示所通过的距离。ABE 的面积显然与矩形 $ABFG$ 的面积相等。FB 为末速度的一半，也就是平均速度。由图示不难得出落体通过的距离与时间的平方成正比，即 s/t^2＝常量。

测量落体下落的距离 s 和所花的时间 t 显然比测 $\Delta v/\Delta t$ 要容易得多。

但是，物体自由下落还是太快了，当时无法作出精确测量。伽利略试图减缓下落运动，以便能够观测得更准确一些。他设想让一个光滑小球沿一个光滑斜面下滚，定律的形式应保持不变，这样他便做了著名的斜面实验。他取一根长约 7 米，宽约 30 厘米，厚约 5 厘米的木板，在上面刻一条一指多宽的直槽，槽沟做得非常直而且平滑，再铺上羊皮纸。羊皮纸也尽可能平滑光亮，以便使一个坚硬、光滑、非常圆的黄铜球能在槽中顺利滚动。抬高木板的一端，让它比另一端高近 1 米。实验时让

圆球沿槽滚下，并记录下降所需的时间。伽利略反复做这个实验，直到使两次观测所得的时间相差不超过一次脉搏的1/10。接着伽利略做了三类实验：第一类，改变铜球滚过的距离，如，全程的1/2，1/4，2/3，

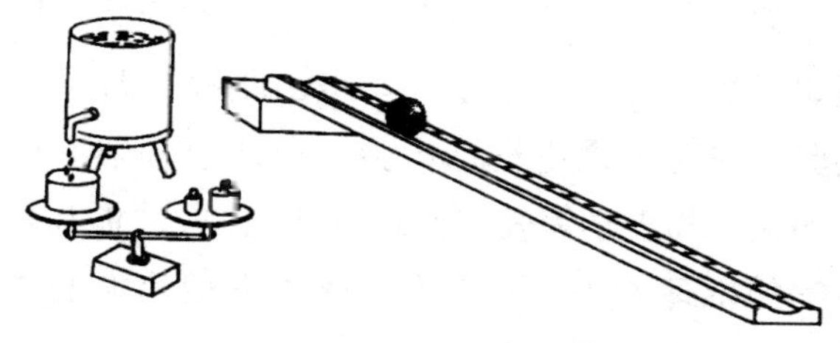

图2－8 伽利略的斜面实验

3/4等，测量小球每一次滚下所用的时间。这样的实验重复了100次，发现经过的距离与时间的平方总是成正比；第二类，改用不同重量的铜球，发现距离与时间平方的比值是不变的；第三类，改变斜面的倾斜程度，发现 s/t^2 的值发生变化，但对任何角度，规律的形式是不变的。

伽利略从斜面实验推断，既然不论斜面的倾斜度如何，铜球滚动都遵从路程与时间平方成正比的关系，倾斜度越来越大，就趋向于垂直下落，因此，自由落体运动也遵从这一关系，也就是说，自由落体运动是匀加速运动，并且加速度与物体的重量无关。

伽利略实验中的计时装置是一种古老的配备天平的水钟。他把一个巨大的水容器放在高处，在容器底部焊上一根口径很小的管子，水可通过小孔流进一只较小容器。仔细称量收集在较小容器内水的重量，水重之差和比值，就给出了时间间隔之差和比值。如果大容器中的水面保持不变，那么时间测量将是精确的。实验中，小孔是用手指堵放的。

伽利略还从亚里士多德关于落体的观点出发，导出矛盾结论，从而说明这个理论是错误的。他假定，有一块大石头，一块小石头，一同自由落下，按亚里士多德的观点，大石头下落快，小石头下落慢，如果把两块石头联在一起，它们相互影响，将以小于大石头的速度下落；可是，两块联在一起的石头，当然是一块更大的石头，它怎么会反而下落更慢

呢？这里显然存在着矛盾，解决矛盾的唯一方法就是，大石头和小石头以同样的速度运动。

伽利略在落体研究中运用了新的科学研究方法，他把实验研究和数学推理结合在一起。他从对落体运动的一般观察开始，提出速度正比于下落时间的假说，然后运用数学手段，得出路程与时间平方成正比的推论，再通过实验，对这个推论进行检验，在这个基础上总结出有关落体的运动规律。伟大的物理学家爱因斯坦曾评论说："伽利略的发现，以及他所应用的科学的推理方法，是人类思想史上最伟大的成就之一，而且标志着物理学的真正开端。"

伟大的牛顿

在英国离伦敦不远的林肯郡格兰沙姆镇，有一个名叫乌尔斯索普的村子。17世纪时，这里只有一座荒废的庄园，几户农家。1642年的圣诞节，科学巨星艾萨克·牛顿（1642～1727年）就诞生在这个小村子里。出生时他体小孱弱，只有3磅重。他的母亲说，可以把这个婴孩放进一夸脱（1.1升）的瓶子里去。出世后几个星期她还必须用一条围巾扶持着这个小脑袋。人们认为这个婴儿难以长大，可是他活了85岁，死前牙齿只掉落了一颗。而且他在物理学、数学和天文学上作出卓越的贡献，在人类科学认识的发展史上，得到了一个光辉的位置。

牛顿的祖父和父亲都是林肯郡辛勤耕种的农民，他的母亲的家庭也很贫寒。牛顿出生前3个月，父亲就去世了。3岁时，母亲和邻村的牧师结了婚，他和外祖母一起生活。6岁到11岁，牛顿在村里只有一间房子的乡村小学读书。12岁时舅父把他送到离家10余公里的格兰沙姆镇皇家中学去读书。这段时间，他寄居在一个名叫克拉克的药剂师家里。药店里许多东西引起了牛顿的兴趣，特别是各种颜色的药品引起了他对化学的爱好。克拉克夫妇有个女儿安妮·斯托瑞，比牛顿小2岁。牛顿帮助她装配玩具，修理玩偶的小家具，博得了她的欢心，两人和睦相处。克拉克先生也很喜欢这个手巧的少年，常教他做配方、称量等工作。

克拉克药剂师曾给牛顿一册《艺术和自然的神秘》的小书，牛顿从中学会了制作焰火、玩戏法，以及自制有趣玩具。书中提到的有趣的事情，他都要自己动手去做一遍。他做出的风筝和灯笼都很精美。一天黄昏，牛顿把一只小巧的灯笼拴在一个大风筝上，放上天去，邻近的农人还以为天上出现了彗星。牛顿在自家的墙上装置了一个圆的日晷仪。这是一种测日影来确定时刻的器具，现在它被保存在英国皇家学会内。他还制造过风车模型、记时水钟等。牛顿对于绘画也非常爱好。克拉克曾对人说过："牛顿在他寝室的墙上画满了鸟兽、人物、船只和几何图形，都画得惟妙惟肖，十分工巧。"

图 2－9　艾萨克·牛顿
(1642～1727 年)

牛顿把精力倾注在手工艺上，忽略了学校的课程。他喜欢沉思默想，对许多事物都感到新鲜好奇而爱去观察体验。他的学习成绩落在了别人后面，大家认为他是一个爱玩耍、喜欢"白日做梦"的孩子。一天，牛顿把自己做的小风车拿到学校，吸引了好多同学。可是，一个比他年长，因学习成绩一贯优良而十分骄傲的同学，弄坏了他的风车，还当众嘲弄他，并踢了他一脚。愤怒的牛顿挥起拳头把挑衅者打倒在地。他的愤怒吓跑了那位骄傲的同学，从此再也不敢欺侮牛顿了。这件事对牛顿的思想转变产生了影响。他决心改变同学们对他的轻视态度，开始发愤读书。他的功课渐渐地好起来，成绩时常在班上名列前茅。

但是，不幸的事情又降临了。牛顿 14 岁时，他的继父去世了，母亲带着两个女孩和一个男孩，回到了乌尔斯索普旧居。牛顿和这三个异父同母的弟妹相处得很好，并且终身帮助他们。临死时还嘱咐把他们作为自己的遗产继承人。那时，母亲很需要人帮助她料理家务，耕种土地。在学业上崭露头角的牛顿，为生活所迫，不得不从格兰沙姆中学回到家中，开始做农活。

牛顿没能专心于耕种，而对机械制造和实验着了迷，如饥似渴地朝那个方面探求。牛顿总也赶不掉经常浮现在脑子里的各种奇想，放不下打开智慧之窗的书籍。他常常设想着制造这样那样的机械、器具。为弄明白一个又一个问题，思考不止。一次，母亲叫他去检查谷仓，他迟迟不归。母亲冒着暴雨跑去找他，却看见他正在风雨中跑来跑去，爬上跳下，还在认真地记下落地的位置。牛顿告诉母亲他正在测量风速。有时牛羊跑到地里糟踏庄稼，而放牧牛羊的牛顿却在专心读书，一点也没发现。有一次，正在入迷看书的牛顿，恰巧被路过的舅父看到了。舅父看到他正在研读一本数学书，不仅没有责备他，反而去劝牛顿的母亲，让他复学。贤良的母亲承担了家庭生活的全部重担，让牛顿又回到中学去继续学习。

1661 年，牛顿中学毕业，考入剑桥大学三一学院。剑桥大学是 13 世纪建立的老牌大学，三一学院更是以摆脱了中世纪教会影响、传播最新科学知识而引人注目。学校优越的教学设备，丰富的图书资料，浓厚的学术空气，学有专长的教师，使牛顿如鱼得水，获得了很大的教益。他如饥似渴地学习科学知识，大学的头一两年，他的主要精力放在学习数学和研究哥白尼体系的天文学上。三年级时，他得到名师艾萨克·巴罗（1630～1677 年）的指导，学业突飞猛进。巴罗当时已在数学、天文学和希腊文方面获得了很大的成就，成为国内外有名的学者。后来，在查理二世统治时，巴罗于 1672 年被任命为三一学院院长，3 年后又任剑桥大学副校长。他是英国皇家学会首批会员，也是欧洲最优秀的学者之一。巴罗非常赏识和喜爱牛顿，十分关切地指导他的学业，热心地将自己的专长毫无保留地传授给他。这为牛顿一生的科学创造打下了坚实的基础。

巴罗发现牛顿对于数学具有超群的才能，便鼓励他学习经典的欧几里德几何学和笛卡儿的解析几何。那时，剑桥还不是英国数学研究的中心，不及牛津和伦敦。不久，牛顿为剑桥赢得了荣誉。1665 年初，即将毕业之际，牛顿发现并证明了“二项式定理”。这是将任何次乘方的二项式展开成为一个级数的公式。这公式在数学、物理甚至生物遗传学上都有广泛的应用。即使牛顿没有别的成就，这个定理也足以使他名垂青史。他的墓碑上就刻着这个定理的名称，以赞扬他的科学贡献。

1665年，可怕的鼠疫正在英国蔓延，离伦敦不远的剑桥也受到威胁。大学被迫停课，教师和学生都疏散到外地。牛顿回到故乡乌尔斯索普居住了18个月，作出了万有引力、微积分学和光的色散等方面的重大发现。瘟疫过后，牛顿回到剑桥当研究生，1668年获得硕士学位。1669年，由于巴罗的推荐，年仅26岁的牛顿接任了卢卡斯数学教授席位。这时，牛顿的数学才能日渐显示出来，并很快得到了人们的公认。在剑桥大学里，牛顿从事教学和科研工作长达30年，直到1696年。牛顿的研究领域十分广泛，在力学、数学、天文学、光学和化学方面都取得了划时代的成果。牛顿的很多时间都是在实验室里度过的，他很少在夜里两三点钟以前睡觉，而是常常工作到清晨五六点钟。特别是在花开的春天和落叶的秋天，他更是经常在实验室里一连工作十七八个小时，通宵达旦，废寝忘食。有时，甚至五六个星期一直留在实验室里，专心进行实验和研究，直到取得结果才肯放下。

牛顿如痴如醉地专心于学习与研究，闹出了不少笑话。一次，他边读书边煮鸡蛋，待他揭开锅子想吃蛋时，锅里竟是一块怀表。还有一次，他请一位朋友吃饭，菜已摆在桌上，牛顿进入内室去取葡萄酒，但是突然想起一个问题而返回了实验室。朋友等得不耐烦了，就自己动手把那份鸡吃掉了，骨头留在盘里，不告而别。待牛顿来到餐桌前，看到盘子里的骨头，自言自语地说：“我还以为自己没有吃饭呢，原来已经吃过了。”传说，在他的伟大著作《自然哲学的数学原理》出版后的一天，牛顿为了强迫自己休息一天，来到剑桥附近的一个幽静的旅馆。当他见到人家洗衣盆里的肥皂泡在阳光下呈现出美丽的彩色时，就开始思考这里究竟是怎样的一个光学道理。于是就用麦秆吹起肥皂泡来，一本正经地吹着吹着。店主看了，颇为他惋惜："一位快 50 岁的挺体面的先生，竟疯成这样，整天在吹肥皂泡。"

牛顿一直过着俭朴的生活。据说，1672 年他被选为皇家学会的会员时，连每星期 1 先令的会费都交不起。后来虽然有了丰厚的收入，但是他也没有追求过奢侈的生活。

牛顿在科学史上的崇高地位是举世公认的。恩格斯曾指出："牛顿由于发现了万有引力定律而创立了科学的天文学，由于进行了光的分解而创立了科学的光学，由于建立了二项式定理和无限理论而创立了科学的数学，由于认识了力的本性而创立了科学的力学。"的确，牛顿在自然科学领域里作出了奠基性的贡献。

作为一个有创见的物理学家，牛顿在从事科学研究工作时，具有自发唯物主义和某些辩证法思想。他主张科学研究要通过实验来收集资料，然后运用归纳法总结出定律，再运用数学推演建立理论体系。这一重要的科学方法对后来科学的发展起了很大的促进作用。

写作《自然哲学的数学原理》，使牛顿疲惫不堪。在哈雷的多次敦促下，牛顿决定休养一段时间。1689 年，牛顿被选为代表剑桥大学的国会议员。1696 年，他迁居伦敦，任皇家造币厂监督。那时，英国的货币制度严重混乱，政府发行金、银两种货币，银币里面掺入过多的廉价合金，因而迅速贬值。加上银元的形状很薄，边缘上没有沟纹，有些使用者常在边缘处削去一些银屑。这种受过"剥削"的银币仍以原来的价值在流通。于是，当时欧洲的一些银行拒绝接受英国的银币。造币厂监督一向被人们认为是只领高薪而很少工作的"肥缺"。牛顿却严肃认真地干起这项工作，他在收回旧币另铸新币的工作中，表现出了相当强的组织能力，他运用科学知识，对于机器运转、镕铸速度、金银纯度等技术一再加以改进，使每星期铸币量由 1.5 万磅增加到 6 万磅乃至 12 万磅。仅在两年不到的时间内，就完成了英国币制的改革工作。1699 年，牛顿升任制币厂厂长，这是一个有年薪 1500 磅的高级职位，牛顿担任了 28 年，直到去世。1703 年，牛顿被选为皇家学会会长，一直连任到逝世。由于在科学研究和币制改革上的功绩，1705 年他被封为爵士。

1727 年 3 月，85 岁的牛顿出席皇家学会的会议后突然病倒，20 日逝世，人们在威斯敏斯特教堂为他举行了隆重的国葬。

牛顿一生的事业，可以分为各占 31 年的前后两期：前期 1665 年至 1696 年是他钻研科学，取得重大成果的时期。后期 1696 年至 1727 年，他作为公职人员，服务于国家，并作为皇家学会会长，领导着英国科学界。牛顿早年做出的科学发现如此伟大，以至后来所做的工作只能是在某些方面加以补充或发展。那时，欧洲大陆上的科学家们也常向他请教一些科学问题，牛顿也喜欢帮助他们，或者发表自己的意见。

牛顿完成了他的先辈们开始的科学革命，他的科学成果对以后两个多世纪自然科学的发展产生了重大影响。牛顿是怎样认识自己的科学成就的呢？他说："我不知道世人对我怎样评价。我却这样认为：我好像是站在海滨上玩耍的孩子，时而拾到几块莹洁的石子，时而拾到几片美丽的贝壳，并且为此而高兴。然而，那浩瀚的真理的海洋仍然在我前面，还没有被发现。""如果说我所见的比笛卡儿要远一点，那是因为我站在巨人们肩膀上的缘故。"

双目失明的数学巨人——欧拉

法国大科学家P. S. 拉普拉斯（1749～1842年）曾对他同时代的人们说："读读欧拉，读读欧拉，他是我们大家的老师。"列奥纳德尔·欧拉（1703～1783年）是一位瑞士数学家、物理学家和天文学家。他生活的18世纪，数学的发展主要是巩固17世纪数学研究取得的成果。欧拉是这个时代起着主导作用的数学家。

欧拉生在巴塞尔一个牧师家庭。尽管父亲希望他学习神学，但是当他刚刚会用数学运算符号把阿拉伯数字连起来时，他就决心终身从事数学的事业。

青年欧拉也像他的父亲一样，向著名的伯努利数学家族学习数学。父亲曾向詹姆斯·伯努利（1654～1705年）学习过数学。詹姆斯同他的兄弟约翰·伯努利（1667～1748年）在莱布尼茨之后，也为微积分的发展作出了重要贡献。欧拉是向约翰学习数学的，并同约翰的儿子丹尼尔·伯努利是极好的朋友。

欧拉大量地阅读了许多数学家的原著，从中吸取大量的营养。他18岁就开始撰写文章，19岁大学毕业，并取得了科学硕士的学位。他在19岁时写的一篇有关船桅的文章，获得了巴黎科学院的奖金。

1726年，当俄国彼得堡科学院初建时，丹尼尔·伯努利到这里来工作。而欧拉本打算谋取巴塞尔大学物理教研室主任的空缺，但是没有成功。这时丹尼尔坚决聘请欧拉到彼得堡工作。欧拉接受聘请，前去彼得堡，并顺利地当上了高等数学副教授。1730年他又主持物理学讲座，1733年被选为彼得堡科学院院士，并主持科学院高等数学的研究工作。

图2－10 欧拉
(1703～1783年)

年轻的教授对天文学很有兴趣。1735年，欧拉得到计算行星轨道的一种新方法，并用这个公式计算了一颗行星的轨道。为了计算这条行星轨道，欧拉竟把自己关在房内算了两天两夜。这时他渐渐感到手指发僵，眼睛充满了血丝，看东西模模糊糊的，连柔和的烛光都忍受不了，泪流不止。当他最后把行星的轨道计算完时，几天的紧张工作使右眼对景物一点儿都看不见了。最后右眼完全失明，左眼视力也大大下降了。这时，欧拉只有28岁。

除了眼疾，欧拉作为13个孩子的父亲，其家庭负担也是相当沉重的。孩子们玩耍嬉笑对欧拉的研究影响很大。对于普通人来说，这种扰乱足以使人心烦意乱，但是欧拉却以坚韧不拔的毅力摒弃干扰，坚持研究。就是在这种环境下，欧拉甚至有时怀抱婴儿、躬着腰继续演算和著述。他以顽强的毅力，保持着每年800页的速度发表各种科学论著。

每天在如此繁忙的研究和家务之外，欧拉还要为大学生准备教案和讲课。他编写的教科书素以严谨、简明和有条理著称，深受学生们的喜爱。

欧拉研究的触角还延伸到许多领域。他是理论流体力学的创始人。在航海学方面，对船舶的形状、船的平衡和摇晃、船舶的驾驶、船在风力作用下的运动都有研究。1759年，他曾因船舶研究而获巴黎科学院奖金。在力学上，经他研究得到了著名的欧拉方程。欧拉发现了弹道学公式，并涉及不少的应用问题。

欧拉的天文学研究也有很多成果，他计算了一些彗星轨道，如1769年彗星的计算，以及月食的计算等，他写出了三卷本的有关天文仪器和光学仪器的书。欧拉还把关于月球运动的研究同航海学研究结合起来，用天文方法确定船只在海洋中的位置。

在物理学方面，除了流体力学研究，他还研究了许多光学问题，提出了折射望远镜、反射望远镜和显微镜的最佳计算规则。

在科学研究中，欧拉最重要的研究还是在数学上，成果也是多方面的。

1736年，欧拉解决了法国数学家P. 费马（1601～1665年）提出的费马小定理，它的内容是：如果p是一个素数，a和p互素，那么a^p-a必能被p所整除。欧拉还对费马于1637年提出的大定理进行研究。这条定理是：当n是一个大于2的整数时，则$a^n+b^n=c^n$，这个不定方程没有整数解。据说，这是费马在阅读古希腊数学家丢番图（约250年前后）的《算术》时，在书的空白处写下的，并于1665年发表。这是一条著名的定理，在350年期间，除了欧拉，A.M. 勒让德（1752～1833年）、C.F. 高斯（1777～1855年）、A.L. 柯西（1789～1857年）、G. 拉梅（1795～1870年）、N.H. 阿贝尔（1802～1829年）、P.G.L. 狄利克雷（1805～1859年）等人都花费了大量时间进行研究，甚至献出了毕生精力。欧拉只证明了n=3和4时，方程没有整数解。这是一个很难的问题，在数学发展史上形成了一个巨大的谜团。为了解开这个谜，1908年德国科学院曾为比设立10万马克的重奖。值得庆幸的是，在1993年6月，40岁的英国数学家安德鲁·怀尔斯博士证明了费马大定理是完全成立的。

詹姆斯·伯努利曾对一些无穷级数求和取得成功，但是对一个无穷级数求和却未能成功。这个级数是：

$$1+\frac{1}{4}+\frac{1}{9}+\frac{1}{16}+\frac{1}{25}+\cdots\cdots$$

欧拉巧妙地利用类比推理，求出了它的和为$\frac{\pi^2}{6}$。

在求取无穷级数之和时，他还特别研究了一个用符号 e 表示的级数。这是数学中一个很重要的常数。他把 e 写成 $e=1+\frac{1}{1!}+\frac{1}{2!}+\frac{1}{3!}+\cdots\cdots$借此他把三角函数与指数函数密切地联系了起来。这就是著名的欧拉公式：$e^{i\theta}=\cos\theta+i\sin\theta$，$\sin\theta=(e^{i\theta}-e^{-i\theta})/2i$　$\cos\theta=(e^{i\theta}+e^{-i\theta})/2$（其中 $i=\sqrt{-1}$）。他计算了 24 位 e 值：

$e=2.718281828459045235360 28$

为了求取素数，他提出了一些公式：

$p=2x^2+29$，当 x 为自然数时，该式可得 29 个素数；

$p=x^2+x+1$，当 x 为自然数时，该式可得 41 个素数；

$p=x^2-79x+1001$，当 x 为自然数时，该式可得 80 个素数。

欧拉在解决一些数学问题时表现出了巨大的抽象分析能力。18 世纪，在东普鲁士的哥尼斯堡城有一条大河与两条小河汇合，在汇合中心地区形成了一座孤岛。为了把岛与岸连接起来，人们建了 7 座桥。这些桥建成之后，有些人出于好奇心，提出了一个问题："能否每座桥只走过一次而不重复地走遍 7 座桥并回到出发点？"后来人们称此为"哥尼斯堡问题"。这是一种古老的"一笔画"问题。看似简单，画起来并不容易。

欧拉得知这个问题后发生了极大的兴趣。他先将各种可能走法列成表，逐个检查，并看是否符合题中要求。这非常烦琐，要检查的线路高达 5040（=7!）条。怎样简化呢？经过长时间的思索，到 1736 年，欧拉终于解决了这个问题。

欧拉建立了一个数学模型（如图 2－12）。他将每个区域抽象为 4 个点：A、B、C、D，并把每一条连接两个区域的桥抽象成连接两点的线段或弧，把通过一座桥看作是画一条弧，从而把过 7 座桥简化成一笔画 7 条弧组成的图形。

经过分析，欧拉认为，对于两个奇点（过某点的弧数为奇数的点）

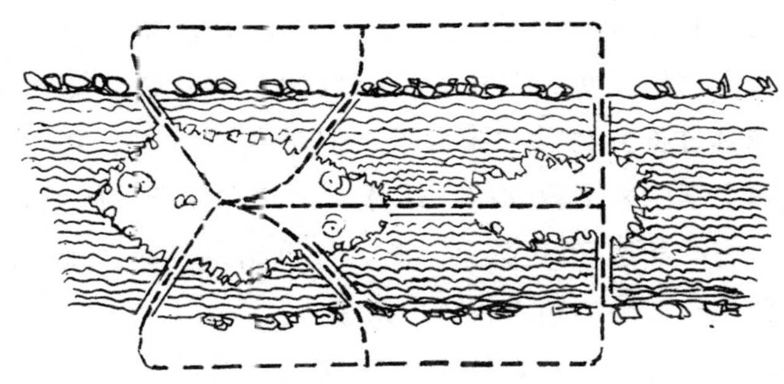

图 2－11　哥尼斯堡问题

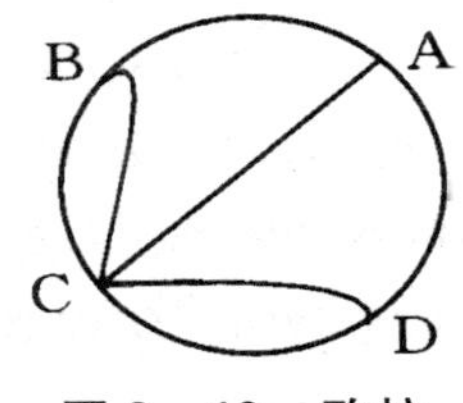

图 2－12　欧拉建立的数学模型

以上的图形不可能一笔画成。而图中有 4 个奇点（A、B、D 有 3 条线过，C 过 5 条线），因此不可能不重复地走完 7 座桥。由此可见，欧拉解决问题的能力和巧劲。

欧拉解决哥尼斯堡问题后提出了“一笔画定理”，并把它推广到网络问题研究中。

许多确定路线问题虽不能一笔画完，但是存在“最短路线”，人们也形象地称作“货郎问题”。在 20 世纪 70 年代，数学家解决了 50 座城市的“货郎问题”，1980 年解决了 318 座城市的“货郎问题”，1986 年又提高到 532 座城市，1988 年再高到 2392 个城市，找到最佳路线可使运输变得既经济又合理。

欧拉有着超人的毅力，在右眼失明后，他只能借助一只左眼，到 59 岁时左眼也失明了。事隔 2 年后，更倒霉的是，彼得堡市区着火而殃及欧拉的住宅。人们救出了欧拉，大量的研究成果却化为灰烬。然而，这并未使欧拉消沉，他在废墟边发誓：“我一定要把损失夺回来！”从失明到去世的 17 年间，他在头脑中构思，而后口述给儿子或学生笔录下来。这样完成了 400 篇论文和几本专著，其中包括解决了令牛顿感到头疼的“月球运行”问题。

欧拉的眼睛失明了，这却又锻炼了他那非同一般的记忆力和心算能力。据说，60 岁的欧拉能够复诵青年时期的学习笔记，能够背诵出全部三角函数的公式和微积分的所有公式，甚至能背出 100 个素数的前 6 次幂。他的心算能力更是令人吃惊。高等数学中的有些运算要用几十个符号和公式，演算过程要写满几张大纸，但是欧拉略用心算即可完成。据说，有一次两个学生来请教欧拉，计算一个非常复杂的问题，当把 17 项值加起来后，它的和达 50 位数字。两人计算结果不同就来问欧拉。欧拉只心算了一会儿，准确的结果就算出来了。

老年的欧拉体质衰弱，行动都要靠别人帮助，但是他进行科学研究的精力却不减壮年。

1783 年，76 岁的老人注意到 F. W. 赫舍尔（1738～1822 年）不久前发现的天王星。欧拉是在一块特制的石板上进行演算的，算完后还让他的孙子复述了一遍，证明同观测是一致的。当人们为他成功的计算来向他祝贺时，发现老欧拉已心满意足地长眠在躺椅上了。

欧拉的一生异常勤奋，他的许多研究工作是在彼得堡完成的，其间也在德国科学院工作了 20 年。他一生著述甚丰，撰写的科学论著达 865 篇（部）。1908 年，瑞士自然科学会决定筹备出版 74 卷的《欧拉全集》。

综观欧拉一生，在科学的许多领域都留下了他的足迹。有许多公式、方程、函数和算法都冠以“欧拉”的大名。由于欧拉对科学的贡献，特别是数学上的重大贡献，他不仅是 18 世纪最卓越的科学家之一，而且，他也当之无愧地同阿基米德、牛顿、高斯等人齐名，永垂青史。

天 地 篇

“天空的立法者”开普勒

1600年，两位天文学巨匠第谷·布拉赫（1546～1601年）和约翰·开普勒（1571～1630年）在捷克城市布拉格相遇，开始了他们短暂但是对近代天文学发展有深远影响的合作。

当时54岁的第谷是一位著名的丹麦天文学家。他出身贵族，自幼喜爱研究天文。他14岁那年，发生了一次日食，引起了他对天文学的浓厚兴趣。第谷16岁那年的秋天，在仙后座里突然出现一颗光辉异常的新星，它的亮度比最亮的金星还亮，此事惊动了全世界，更加激发了第谷献身天文学的热情。第谷对这颗星作了长期观测，并指出它距离遥远，是属于恒星一类的天体。后人为了纪念他，将这颗星命名为第谷新星。1576年，丹麦国王腓特烈二世在哥本哈根海峡的赫芬岛为第谷修建了一座规模宏大的天文台，并配备了当时最精密的天文仪器。第谷对观测仪器进行改进，提高了精密度和长期反复观测读数的稳定性，他还对大气折射的影响进行修正，这样他观测的准确性远远超过了他同时代的其他人。第谷编制的星表在当时十分有名，以至到今天还有使用价值。因此他被称为“星学之王”。在赫芬岛，第谷进行了长达21年的辛勤的天文观测，尤其是对行星运动进行了长期系统而又精确的观测，其中对火星的观测资料最为丰富。腓特烈二世逝世后，第谷失去了资助者，1597年带着全家离开了赫芬岛。两年以后，第谷得到德皇卢道夫二世的资助将在布拉格附近的一座城堡改建为天文台。在等待仪器和书籍从赫芬岛搬

图 3－1　第谷·布拉赫的观天堡

来的这段时间，第谷正在为将来的研究工作物色助手，他等来了年轻有为的青年天文学家开普勒。

当时年近 30 岁的开普勒虽是一位远近闻名的学者，但是贫病交加，穷困潦倒。开普勒出生于德国小城韦尔的一个破落贵族家庭，自幼体弱多病，先天近视散光；4 岁时得过一场天花，差点夺去他的性命。开普勒是一个早慧儿童，靠奖学金顺利进入各级学校，直到图宾根大学的文学系和神学院。在大学里，开普勒熟悉了哥白尼的太阳中心说，发表过拥护哥白尼学说的观点，他终生的愿望是要完成日心说体系。教会把开普

勒当做危险分子，就在神学院毕业前夕，他被派往奥地利的格拉茨做天文和数学教师，而未能成为神职人员。在教书之余，开普勒发表了一部天文学著作，他试图用古希腊人发现的5个正多面体和当时已知的6颗行星的轨道套迭，组成一个宇宙模型结构。他的著作充满了数学神秘主义，但是却表现出了杰出的数学能力和想象力。正是这部著作引起了第谷对开普勒的注意，并邀请他合作进行天文学研究。1600年，开普勒遭到宗教迫害，他和几千名新教市民和官员一起被逐，要求限期离开格拉茨。不动产来不及变卖，开普勒只带上了简单的家具和行李，半途中他又病倒在旅店。到达布拉格时，他几乎身无分文，身体还在发烧。

图3－2　约翰·开普勒（1571～1630年）

在布拉格，两位天文学家找到了他们的避难所。德皇卢道夫二世是一位有学问的怪人，他看不起政治，但是又不肯放弃权力。他的国库里全是各式珍宝，如机械、钟表、武器、书画以及钱币等。这种无边的收集热和他的一种嗜好有关系，他是想探索大自然的隐蔽关系。他被神秘的“科学”，主要是炼金术和占星术迷住了。迷信和不断增长着的狂热包围着这位皇帝。在这种气氛中，真正的科学和艺术也得到了一定的发展。为了满足自己病态的求知欲，卢道夫在他的宫里收罗了许多大学者和艺术家，而且不过问他们的出身和教派信仰，让他们在布拉格避难。第谷和开普勒加入了避难者的行列。

第谷是一位杰出的观测家，但是数学功底较浅，称不上是好的理论家，并且已经衰老；开普勒从小损伤了视力，难于取得精密的观测结果，然而数学修养和理论综合能力高强，思路敏捷，想象力非常丰富。他们二人的结合，可算是取长补短，相得益彰。一年半后，第谷突然病逝，开普勒获得了第谷庞大的数据库，并开始了从中寻找天体运行法则的艰巨计算工作。

在第谷和开普勒时代，托勒密体系对天文学仍有很大影响。哥白尼的日心说也在流传，得到许多人的赞赏。哥白尼的日心说认为，太阳在行星的轨道中心居中不动；地球和其他行星一同绕日运行，做匀速圆周运动；地球还绕地轴自转。这一学说，使人类获得了对天体运行的简单和谐，优美对称的宇宙图景。但是这一学说中也保留有错误的传统观念。

开普勒对行星轨道的研究是从火星入手的，因为这颗行星的运动与哥白尼体系偏离最大。他企图用多个圆运动的组合，来解释火星的运动。在一年半的时间里，他进行了70余次不同组合的尝试，每次都要进行大量计算。当找到一个比较符合第谷数据的方案时，细心的开普勒发现，由此算出的火星位置与第谷数据之间有8分角度的误差。8分，即0.133度，这是个很小的角度，只相当于表上秒针在0.02秒瞬间转过的角度。但是开普勒没有把它作为观测误差忽略过去，而是觉察到圆运动的组合不符合火星的真实运动。他知道第谷的误差是2分。

天体做匀速圆周运动这一传统思想，2000多年来，一直是神圣不可侵犯的。冲破这一概念，也让开普勒耗费了大量心血。经过尝试多种想象中的曲线，他终于发现，火星的轨道是一个椭圆；进而又发现每个行星都沿椭圆轨道运行；太阳不在轨道中心，而是在椭圆的一焦点上。这就是开普勒第一定律。1605年，开普勒在一封给朋友的信中说："我碰了成千上万次壁，才最后找到这条道路……如果我对这8分不去怀疑的话，那么去年一年我都可以不必那样费尽心机，吃足苦头。"但是，没有他的大胆怀疑，没有他的不屈不挠，就没有这项科学发现。

接着，开普勒试图解决行星运动速度变化的规律。他发现，行星运动速度变化与行星到太阳距离有关，在近日点行星速度最大，在远日点速度最小；而对于火星和地球，它们与太阳连线所扫过的面积与时间成正比。开普勒认为，这个规律也一定适合其他行星。即：行星与太阳的连线，在相等的时间内扫过相等的面积，这就是开普勒第二定律。

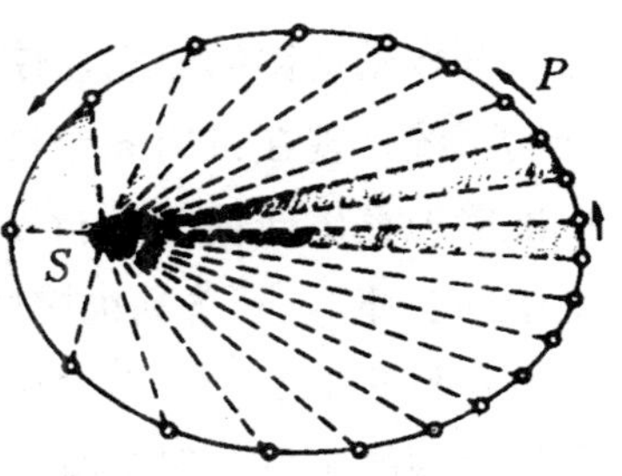

图 3－3　开普勒第二定律示意图

开普勒并不满足于已经取得的成就，他感到还没有揭开行星运动的全部奥秘，他相信还存在一个把全部行星系统连成一个整体的完整定律。他开始着手探求行星绕日转动一周的时间 T 与它们到太阳的平均距离 D 之间的关系。他取地球的 T 和 D 为 1，其他行星以此折算，把第谷的观测数据列成一个表。这些数字看起来十分凌乱，开普勒像做数学游戏一样，对表中数字进行各种运算，乘、除、加、减，乘方，开方……又是 9 个寒暑，又是无数次失败，他终于在表中加上了两行。这使他发现，行星公转周期的平方与它们到太阳平均距离的立方成正比，即简单而又奇妙的“2”与“3”的关系。我们今天称为开普勒第三定律。开普勒的耐心和智慧是多么令人钦佩。

表 3－1　行星绕日运动的数据

	水星	金星	地球	火星	木星	土星
T	0.241	0.615	1	1.881	11.682	29.465
D	0.387	0.723	1	1.524	5.230	9.532

表 3－2　开普勒第三定律的发现

	水星	金星	地球	火星	木星	土星
T^2	0.058	0.378	1	3.540	140.7	867.9
D^3	0.05796	0.3779	1	3.540	140.85	867.98

开普勒定律的建立，使人们找到了最简单的世界体系。原来庞大繁杂的系统，现在只用6个椭圆轨道就解决了。根据这三个定律，我们可以准确地算出任何时刻行星的位置，因此开普勒的三大定律被称作“天空中的法律”，开普勒也被后世的学者尊称为“天空的立法者”。

在科学史上，有不少利用前人的科学实验和记录下来的数据而作出科学发现的事例；但是像行星运动定律那样，从第谷20余年的观测，到开普勒近20年的长期精心推算，道路如此艰难，成果如此辉煌的合作，则是罕见的。开普勒为科学的奋斗精神和执着追求是令人钦佩和学习的，他细心谨慎又敢于冲破传统，大胆创新。他的工作为后人寻求天体运动的动力学规律开辟了道路。

开普勒这样一位为科学发展开拓道路的勇士，一生却是在极端艰难的条件下度过的。连年战争，瘟疫流行，长期漂泊，生活贫困以及来自教会的迫害，不断困扰着他。由于第谷的推荐，德皇聘用他为皇家数学家，然而皇帝却不按期发薪。他常常不得不靠占星术给人占卜而养家糊口。他曾在给朋友的信中悲哀地说：“我饥肠辘辘，就像一条狗似的瞧着喂我的主人。”1630年，在花甲之年，为向宫廷索取累计20余年的欠薪，开普勒在长途跋涉中死于伤寒，只留下几件衣服和一些书籍。

“天上的哥伦布”与罗马教会

哥白尼太阳中心说的发表是自然科学向神学提出的第一次严正的挑战，标志着自然科学从神学中独立出来。太阳中心说提出后，立即遭到神学的反对，哥白尼的《天体运行论》被罗马教会宣布为禁书，太阳中心说被判为异端邪说。是伽里莱·伽利略（1564～1642年）的天文发现和科学研究工作进一步论证了日心说的真实合理性，并使日心说得以广泛传播。由于伽利略所作出的一系列重大发现，他被誉为“天上的哥伦布”。

伽利略于1564年出生于意大利的名城比萨。意大利是古典学术复兴的舞台。当中世纪的黑暗开始消散的时候，意大利分裂成为许多共和国和公国，它们之间为争权夺利时而挑起战争，时而进行比较温和形式的竞争。这些小国的主要生计是商业和工业。为了扩大贸易，在应用航海罗盘和地理图表以后，意大利的水手们开辟了通往地中海东部各国和岛屿的众多航线。比萨一直是个比较自由的城市，当时由佛罗伦萨的美第奇政府治理。

伽利略在中学时期已表现出极其勤奋，善于思考。伽利略的父亲是个酷爱音乐和数学的贫穷贵族。父亲希望才华出众的儿子将来能成为一个收入丰厚的医生，17岁便把他送入比萨大学学医。然而，当时医学的状况并没有激起伽利略的兴趣，精密科学更加吸引着他。他经常站在数学教室门口听数学课，并想从听课的学生们那里获得点滴数学知识。数

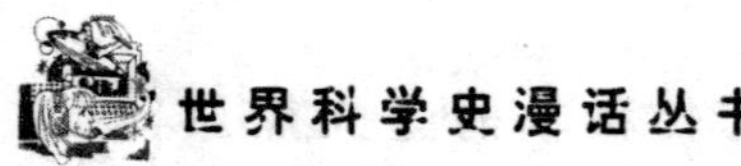

学老师得知这个情况后，便帮助伽利略转为数学和物理学专业的学生。伽利略在这两门学科上进步很快，25 岁那年就受聘于比萨大学，担任数学讲座教授。1592 年又被聘为帕多瓦大学数学教授。

伽利略很早就接受了哥白尼的学说，他认为只要观点同经验事实和理性相调和，就不应在乎是否和传统观点一致。但是，伽利略必须十分小心，形势十分严酷，宗教神学势力很猖狂。他的同胞布鲁诺，就是由于信奉哥白尼的学说，而被宗教裁判所逮捕，并于 1600 年烧死于罗马的鲜花广场。伽利略在积累证据，寻找打破传统思想体系的突破口。

1609 年，伽利略听说荷兰人发明了望远镜，还听说一位荷兰人带了望远镜到意大利的帕多瓦和威尼斯，向群众公开宣传和展览，并准备向威尼斯政府出售他的“技术奥秘”。伽利略根据人们所描述的望远镜的外形以及它能将远处物体移近放大的功能，从光线通过凹凸透镜的折射原理上进行思考，准备自制这种望远镜。伽利略想到，这种望远镜绝不会是一只镜片组成的。他原来曾经深入研究过平、凹、凸透镜的物像关系，知道一只镜片不能同时使远处的物体放大，又获得清晰的物像；平镜片又不能改变物像，因此，必须采用凹镜片与凸镜片的组合。于是，他找到了一根合适的铅管和平凹、平凸镜片，当调好两镜片之间的距离时，果然制成了一架倍率为 3 的粗糙望远镜。伽利略对他的第一架望远镜并不满足。经过半个月的改进，又制成了一台放大倍率为 9 的望远镜。正当荷兰商人向威尼斯政府索价 1000 元银币，并以不拆开观看内部构造为条件，准备出售他的“技术奥秘”，而政府官员们正在犹豫不决时，伽利略带着他的望远镜到了威尼斯。伽利略的一位朋友萨比是威尼斯共和国政府的官方神学家和政治与科学顾问，他对伽利略十分敬重。伽利略一到威尼斯，萨比就帮助他在威尼斯最著名的圣玛可广场最高的塔楼顶层架起了他的望远镜。威尼斯共和国的政府官员和绅士们络绎不绝地前来观看这个新装置，惊奇喜悦地用这架魔镜观察海上和陆地上的景物。他们兴致勃勃地观看了海上要以全速用 2 个多小时才能进入肉眼视线范围

内的船艇以及陆地上用肉眼无法看到的远处的建筑物。后来，伽利略又给政府检察官和参议员们展览了望远镜。公众听说望远镜的消息后，也纷纷前往观看。最后，伽利略把两架望远镜送给了威尼斯共和国政府。检查官兼帕多瓦大学校长普锐乌里代表政府接受了这项赠品。次日，帕多瓦大学召开办公会议，决定聘任伽利略为终身教授，年薪从510元银币提升为1000元银币。

图3－4　在威尼斯展示望远镜

伽利略不断改进望远镜。1610年，他制成了一台放大32倍的天文望远镜。在改进望远镜的过程中，他开创了望远镜设计与成批生产的方法。他发明了测量镜片球面半径的仪器，使得望远镜的制造质量得到持续稳定地提高。他还开创了望远镜倍率的实验测定方法。这些远不是当时一般的眼镜商和手工业作坊所能做到的。欧洲各国天文台纷纷向他订货。在以后30余年中，望远镜的设计制造水平始终无人能超过伽利略。

伽利略不满足于望远镜给人们带来的惊奇。他将望远镜指向天空，进行了长期细致的天文观察。在1610年初的几个星期里，他获得了几项重大发现，为哥白尼的日心说提供了有力的观察证据。伽利略首先发现，月亮表面和地球表面一样是粗糙不平的，并不是平坦光滑的，特别是有许多环形山。他精心绘制了大量月表素描，甚至还根据月球上山的阴影的长度，估计出了它们的高度。他发现，肉眼看起来好似一条光带的银河原来是由千千万万颗暗淡的星组成。他还发现，木星有4颗卫星，它们排列在不同的轨道上围绕木星旋转。伽利略认为，这项发现是最重要的，这表明并不像教义上宣称的那样所有的天体都围绕着地球在运转。

这个发现是对哥白尼日心说的有力支持。对木星卫星的研究在当时还有很大的实用价值，如果每颗木卫星的位置测得足够准确，能作出每时每刻木卫星的位置表来，就可以在航海中用来测算航船所在地点的经度。伽利略每个夜晚都用望远镜观测木卫星的位置，一直坚持到1619年，精确地测出了4颗木卫星的周期，它们的精度都高于0.1%。伽利略还发现，金星也有周期变化，就是说，金星也像月亮一样有圆有缺。月相的变化规律说明，金星是围绕太阳运转的。伽利略还发现了太阳黑子，根据黑子在太阳表面上有规律的运动，他判断太阳以大约27天为周期发生自转。1610年，伽利略在《星际信使》一书中公布了他的天文发现，引起了很大的轰动，也使他获得了极高的荣誉。人们称誉他为“天上的哥伦布”，并邀请他到佛罗伦萨任宫廷数学家和哲学家。

1632年，伽利略出版了他的伟大著作《关于托勒密和哥白尼两大世界体系的对话》，对哥白尼学说作出了理性的论证。这本书采用了人对话的形式，全部内容由4天的对话组成。伽利略以他的天文发现为证据，尖锐地抨击了托勒密体系和亚里士多德的物理学，也从理论上回击了对哥白尼体系的责难。亚里士多德派曾经提出，如果地球转动，那么一个垂直上抛物体不应落回原先抛出的地方，而是稍微偏西；因为在这个物体升降所用的时间里，地球已朝东转过一点。然而事实上物体都回到了原来的位置，而且，他们还争辩，如果地球转动，那么由于离心力作用，地球表面上的物体应当被抛出地球表面。伽利略用惯性定律来驳斥前一个论点。他指出，从一座高塔上堕落的石头，将落在塔的脚下，因为石头本身与塔以同样的速度一起随地球向东运动，正如从一艘无论静止还是航行的船只的桅杆顶上落下的一块石头，都将落在桅杆脚下一样，因为石头和桅杆都具有船前进的运动。对第二个论点的反驳是，由于地球绕地轴的运动比较缓慢，因此离心力远小于引力，物体仍然留在地球表面。

伽利略的《对话》的出版，对于宣传哥白尼学说起了巨大的推动作

用。这部著作用一般人都能阅读的意大利文写成，而没有用只有神职人员和学者们才懂的拉丁文，从而获得了广大的读者，轰动了整个学术界。

伽利略不是望远镜的发明人，也不是第一个用望远镜观察天象的学者。但是，他首先试图从原理上入手，钻研望远镜的构造，积极建立设计制造望远镜的成套技术。可以说，他是望远镜制造方法的发明人。伽利略将望远镜指向天空，并非草率地瞭望一下，然后空谈玄想一番，发发议论；而是仔细认真地边观察边思考，对观察到的现象进行记录、绘图、测量，从而获得了丰富成果。将望远镜应用于科学工作要归功于伽利略。伽利略从理论上论证了新宇宙观，从而把古老的天文学推到新的纪元。这些都充分显示了一位伟大的科学家所具有的才智和创业精神。

伽利略的《对话》的发表使教士们大发雷霆，伽利略也就大难临头了。在此之前，伽利略曾遭到教会的警告，不得宣传哥白尼学说。这部著作遭到禁止，伽利略也被宗教裁判所传唤到罗马。起初他托辞有病。

图 3－5　伽利略受审

但是在 1633 年，年近七旬的伽利略还是被教会用担架强制抬到罗马，并被监禁起来。后来，他在宗教法庭受审，遭到刑讯逼供，最后被迫在法庭起草的“悔罪书”上签字，宣布放弃对日心说的信仰。

相传伽利略被迫公开认错后，曾喃喃自语道："可是，地球还是在运动的呀!"这个传说表明伽利略实际上仍然抱着日心说的信念，也表明了他对教会妄想阻止科学思想进步的企图的嘲弄和谴责。在几个月的监禁生活后，伽利略被改判为在家中终生监禁。伽利略没有终止自己的科学活动，他继续进行力学的研究。5 年以后将他写的伟大著作《两门新科学》的手稿秘密送到荷兰发表。

1637 年，伽利略双目失明，他仍指导他的学生托里拆利等继续进行科学研究。1642 年，这位 78 岁的老人与世长辞了。

300 多年后的 1979 年，罗马教皇保罗二世提出为伽利略恢复名誉。然而，教会对科学的干涉和对伽利略的迫害造成的严重后果是无法挽回的。伽利略之后，意大利的科学活动很快衰落下去。这充分表明，没有思想的自由，科学就不能繁荣。

苹果落地与万有引力定律

1665年4月，年仅23岁的普通农民的儿子萨克·牛顿（1642～1727年），获得了著名的剑桥大学的文学士学位。由于学习成绩优异，特别是在数学方面的才华，发现并证明了数学上的一个重要定理——二项式定理，学校决定授予他奖学金，使他能继续研究生阶段的学习。

然而，就在牛顿毕业的这一年，可怕的鼠疫又在欧洲开始蔓延。这个以“黑死病”闻名的急性传染病，自14世纪以来，多次侵袭欧洲大陆。这一次流行的瘟疫，一年中就夺去了10万余人的生命，英国伦敦的人口减少了1/10。当瘟疫从伦敦向北蔓延时，剑桥大学的管理人员担心波及该校，决定暂时关闭学校，让学生疏散到外地，以躲避瘟疫。因此，牛顿便离开剑桥，回到了他的故乡，英国林肯郡的一个名叫乌尔斯索普的小村。

母亲将牛顿安置在二楼的小屋内，他在这里安静地度过了18个月。在这里，刚露头角的大学毕业生开始了他终身从事的科学事业。牛顿终日沉浸在当时亟待解决的科学问题中。引力问题是反复萦绕在他脑海里的难题之一。他常常观察太阳、月亮和星辰的运动，天体高度规律性的奇妙运动吸引了他。他认为，月球围绕地球运动是由于地球对月球有吸引力，地球如何影响月球运行轨道，是当时科学研究的一个重要问题。他熟悉关于这个问题的各种猜想和研究情况，他觉得没有一个令人满意。

图 3－6　苹果落地

他决心另辟蹊径，找到正确答案。

1665 年秋天，当牛顿在花园里沉思的时候，忽然一只苹果从树上掉了下来，滚进草地上一个小坑洼里。这一现象立即引起了牛顿一连串的疑问和思索。牛顿想，苹果是由于有重量才落向地面，而且，还要尽可能地落到最低的地方。苹果可以从几米高的树上落下来，若树高十米、几十米，苹果也一定会坠落下来。最深的矿井和最高的山顶上都有引力，也没有原因阻止地球的引力达到月亮。牛顿推想，月亮也许就像一个大苹果，使月球围绕地球运动的正是地球对它的吸引作用，而这个力和使苹果落地的力本质上是一样的。进一步，各行星之所以绕着太阳运转，也是因为太阳对它们的吸引作用的结果。因此，宇宙中的一切物体之间，都存在着一种相互吸引的作用，牛顿把这种相互作用称为万有引力。

牛顿进而分析了既然地球吸引着月亮，而月亮并没有落向地球的原因。长期以来，在人们的观念里，地面上物体落向地心，同天体按一定轨道绕中心天体运转，似乎是风马牛不相及的两种现象。牛顿通过对抛射体的研究，在这两种现象之间架起了一座桥梁。他设想，在地球表面一座很高很高的山顶上，沿着与地面平行的方向抛出一块石头，由于重力作用，石头会坠落到地面上；但是，在它落地之前，石头会沿水平方向飞行一段距离。抛石头时，用力越猛，石头的水平速度越大，它落到地面以前飞过的水平距离就越远，它的轨道的弯曲程度也越小。可以设想，如果抛石头时，用的力量很大很大，以致使石头的轨道曲线的弯曲程度和地球表面的弯曲程度相同，这块石头就会永远不落到地面上了，它就会像月亮那样，绕着地球运转下去。可以说，牛顿已经有了引力的完整思想，剩下的就是具体的计算了。

苹果落地给了正在深思引力问题的牛顿以启发，给他的思想插上了翅膀。在乌尔斯索普牛顿故乡的花园里的这棵苹果树，一直被精心地保

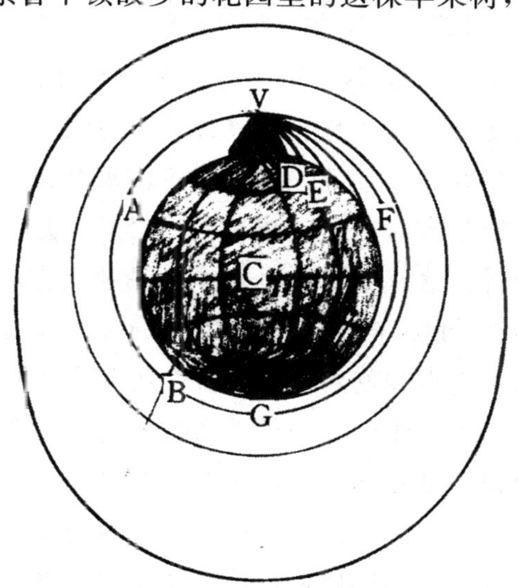

图 3－7　牛顿预言人造月亮

护着。前往瞻仰牛顿故居的参观者，都要去观赏这棵树。1820 年，这棵树枯死后，还被当做珍贵的纪念物，分成了好几段，分别放在英国皇家学会等几处保存。

有了引力思想，到把它用严格的数学表示出来，对它的每一个环节作出严密的数学论证，并对它作出确定可靠的实验检验，还要有一个很艰难的历程。在以后的 20 余年中，牛顿和他同时代的许多学者为此付出了艰巨的努力。在牛顿之前，法国天文学家 I. 布里阿德（1605～1694 年）已经提出过关于引力大小的假设，他设想引力和距离的平方成反比。开普勒建立了行星运动的三个定律。惠更斯也得到了匀速圆周运动的向心加速度公式：

$$a=\frac{v^2}{R}$$

式中 a 为向心加速度，R 为圆的半径，v 是做匀速圆周运动物体的速度。牛顿也相信引力和距离的平方成反比。他想到用月球的运动情况检验这一假设。最初牛顿没有成功，这是由于当时大地测量水平较低，测算出的地球半径不准，使牛顿的计算误差较大。直到 1682 年，牛顿在皇家学会获得了新的测量数据，重新计算得出的结果，说明平方反比假设是正确的。

在英国，当时还有三位著名学者致力于引力问题的研究。这三个人便是伦恩、哈雷与胡克。1684 年，他们在伦敦聚会讨论引力问题。其中年长的伦恩爵士，他是当时著名的建筑工程师，也是一位数学家。1666 年伦敦大火后，他曾为这座城市的重建提出了设计方案。伦敦著名的圣保罗大教堂便是他设计的。哈雷虽比牛顿小 14 岁，但那时也已是一位天文学家和物理学家。哈雷和伦恩根据开普勒第三定律和行星作圆轨道运动的假设，已经得出了太阳的引力应该遵从与距离的平方成反比。哈雷把当时对引力问题研究的重点，明确地归结为这样一个问题：从平方反比假设，用数学导出行星运动的轨道形状，说明行星的轨道是开普勒三定律描述的椭圆；或者从椭圆轨道证明，作用在行星上的力与距离的平方成反比。

伦恩虽然也有敏锐的数学头脑，但是他承认自己解决不了这个问题。他还提出，在两个月的时间内，胡克和哈雷，谁先证明这个问题，除获得荣誉外，他个人还要送给胜利者一个奖品。胡克说："我已经有了答案，我还想保留一段时间，别人也在研究这个问题，如果他们无法解决，我再宣布，这才显得更加可贵。"

数月之后，胡克没有拿出他的证明。因此，哈雷只好亲赴剑桥，就这个问题请教已经小有名气的牛顿。牛顿告诉哈雷，这个问题他已经证明过，但是手稿不知放到了何处。1684年底，牛顿将重新作出的证明寄给了哈雷。在证明中，牛顿用到了他创立的一种新的数学理论——微积分。运用微积分方法，牛顿还证明，计算一个均匀的球状物体对它外面物体的吸引力时，可以把它看作为一个全部质量都集中在物体中心的质点，从球心计算距离。这样，以前只能作粗略、近似计算的问题便获得了精确的计算方法。

拿到牛顿的证明后，哈雷十分兴奋，很快就重访剑桥，热情地劝说牛顿发表他的研究成果。1685年到1687年的18个月中，牛顿沉浸在计算、证明命题和定理、建立方程式、精密绘制图表的紧张工作之中，倾注全力废寝忘食地工作，完成了他的伟大著作《自然哲学的数学原理》。在哈雷的资助下，这部著作于1687年发表。万有引力定律是这部著作的一部分，它表述为：宇宙间的一切物体都是互相吸引的。两个物体间的引力的大小，跟它们的质量的乘积成正比，跟它们的距离的平方成反比。

牛顿从万有引力定律出发，推算出了开普勒三定律，解释了月球的不规则运动、彗星的出没以及地球上的潮汐的形成等。整个太阳系错综复杂的运动现象都可以从万有引力定律中找到合理的解释。这样他创立了科学的天文学、建立了天体力学的数学理论。他把天体运动同地面物体的运动统到一个力学理论之中，实现了人类科学认识的一次重大综合和飞跃。

哈雷和彗星的回归

彗星俗称扫帚星，它们总是突然出现，拖着长长的尾巴，浮现在澄清的夜空。在它们完全展现之后，又很快地消声匿迹了。在牛顿之前，彗星被看作是一种神秘的现象。人们甚至认为，彗星的出现是不吉利的。牛顿却断言，行星的运动规律同样适用于彗星。英国天文学家埃德蒙·哈雷（1656～1742年）对彗星进行了长期观测，并根据牛顿的力学理论对彗星轨道进行计算，成功地解释了彗星的运动，也证实了牛顿引力理论的科学性。

哈雷 1656 年出生于伦敦。他从学童时代起直到进入牛津大学念书，一直在自学天文学，并经常观察天象。在 19 岁时，哈雷呈交给英国皇家学会一篇论文，提出了一种确定行星轨道要素的新方法。他的方法比当时正在应用的方法更加简捷。这篇论文显示了哈雷惊人的几何才能。哈雷深刻认识到星表在天文学测算中的重要作用，因此，他决定编制天球南半球的星表，作为对前人工作的补充。天球南半球的恒星在格林威治是看不到的，它们只是靠水手们的粗略观察才获知。20 岁的哈雷，刚刚从牛津大学毕业，他放弃了获得学位的机会，选择了大英帝国当时最南端的圣赫勒拿岛，准备在那里修建他的临时天文台，进行天球南半球恒星的观测。哈雷的父亲支持哈雷的选择，答应承担这次考察的费用。当时的英国皇家学会会长约瑟夫·威廉森爵士等人将哈雷的考察计划告诉了国王查理二世。国王把哈雷托付给当时控制着圣赫勒拿岛的东印度公司。船队出航，公司把哈雷送到了这个岛上。哈雷带着必要的仪器于 1677 年初登上圣赫勒拿岛，在那里

观测了将近18个月。恶劣的气候严重地妨碍了他的观测工作的进行。哈雷抓紧一切时机，一刻不停地工作，他用望远镜成功地观测了350颗恒星的位置。在不能进行观测的时候，他就研究物理学和气象学。在岛上，许多过去从未见过的生物也给他留下了深刻的印象。1679年，哈雷发表了他的星表，这是第一个南天星表，哈雷还是第一个用望远镜观测编制星表的人。

图3－8　埃德蒙·哈雷（1656～1742年）

星表发表以后，年仅23岁的哈雷立即被选为英国皇家学会会员。从那时起他终身和皇家学会保持联系，并在1713年当上了皇家学会的秘书。他还做过几年《哲学学报》的编辑工作。在60余年里，他在这个刊物上发表了约80篇论文。

在1680年开始的一次赴欧洲大陆的旅行中，哈雷访问了巴黎，参观了巴黎天文台，并与台长卡西尼合作观测了当年出现的一颗大彗星。巴黎天文台是第谷天文台以后第一座具有近代先进设备的国立天文台。

彗星当时已成为天文学家们十分关注的天体，对它的运动情况存在着不同的观点。一般人都认为彗星的运动并不遵循其他天体所遵循的运动规律。有人认为，彗星在太阳系里做直线运动，也有人认为是抛物线轨道。卡西尼指出，彗星可能是在类似于行星的轨道上运动，只是轨道更椭长一些。但是，人们对出没不定的彗星没有进行过认真的轨道计算和研究。哈雷对彗星的轨道进行了大量的计算工作，确定了在1337年到1698年间出现的24颗彗星的轨道要素。进一步的比较研究使他得到了一个有趣的结果：1681年到1682年出现的一颗彗星与1607年和1531年出现的彗星的轨道要素极其相似。于是哈雷猜想，这三次出现的彗星可能是同一颗彗星的再现，它沿绕太阳的扁椭圆轨道运行，周期约为75年。

于是，哈雷大胆预言，彗星也是遵循一般天体的运动规律的，1758 年，这颗彗星会再度出现。哈雷还指出，彗星的运动周期会有微小变化，这是彗星在运动中受到其他行星的引力作用的结果。

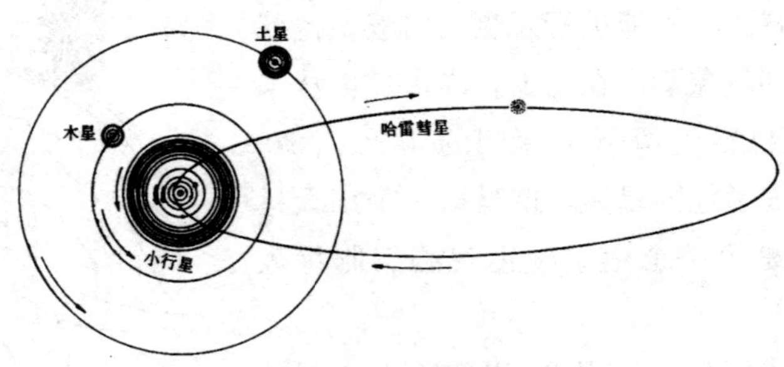

图 3－9　哈雷彗星

1758 年，哈雷所预言的彗星真的回来了，直到 1759 年初还能在天空看到它！这颗彗星经过近日点的日期与哈雷当初预报的日期仅差了一个月。对于这样长的周期来说，有这么一点差异，就算预报得很精确了。当人们按预言的时间看到这颗彗星时，消息轰动了全世界。人们感叹科学的力量，牛顿的引力理论也赢得了学术界更加普遍的接受。人们怀念哈雷，是他长期认真的测算工作和他对天体运动的正确认识和理论，解开了人类认识史上数百年的彗星运动之谜。为了纪念哈雷的功绩，人们把这颗彗星称为哈雷彗星。后来，哈雷彗星又于 1835 年、1910 年和 1986 年准时回归了。

哈雷在天文学上还有许多重要贡献。他发现了恒星自行现象。在哈雷时代，天文学家发现恒星在恒星天球上的位置有微小的变化。天文学家把这种变化解释为观测误差。经过认真的观测，哈雷否定了观测误差假设。他认为，恒星位置的变化只能是这些恒星在天球上的方位真的移动了。自古以来，人们总以为各个恒星都是固定在天球上不动的，所以才称之为恒星天球。恒星自行的发现，打碎了人们假想的恒星天球。另外，哈雷还提出过一种精密测定日地距离的新方法。由于哈雷对天文学的杰出贡献，1720 年，他被任命为格林威治天文台的第二任台长，成为“皇家天文学家”，直到 1742 年逝世。

地球的质量

通过大地测量，可以推算出地球的半径。1672年，法国科学家让·皮尔通过仔细地对地球进行测量，得知地球上每一纬度之间相隔的距离是112千米，推算出地球半径约为6400千米。据此，有的科学家提出一种计算地球质量的办法。他们认为，地球的半径已经知道，就很容易算出地球的体积，再求出构成地球物质的密度，利用公式：质量＝密度×体积，就可以算出地球的质量。但是科学家们发现，构成地球各部分物质的密度是不相同的，在整个地球中所占的比例也不一样，因此无法准确地测算出整个地球的平均密度。有的科学家曾断言，人类永远也无法准确地知道地球的质量。

牛顿发现万有引力定律后，为获知地球质量提供了新的可能。牛顿指出，地球对地面上一个已知质量的物体的吸引力，实际上就是物体受到的重力，这很容易测得；根据万有引力定律，吸引力的大小与地球和这个物体的质量的乘积成正比，与地球和物体之间的距离即地球的半径的平方成反比。地球的半径是已知的；比例常量即万有引力常数G，这个数值虽然当时还不知道，但是可以从地面上直接测量两个已知质量的物体之间的引力而求出来。也就是说，如果测出万有引力常数G，就可以求得地球的质量了。

为了直接测出两个物体之间的引力，牛顿精心设计了好几个实验。但是，一般物体之间的引力十分微小，牛顿的实验都失败了。牛顿甚至失望地认为，想利用测量引力来计算地球的质量的工作，是永远不会成功的。

牛顿之后，许多学者继续研究这个问题。1750年，一位法国科学家到南美洲的厄瓜多尔做实验，因为在那里有一座陡峭的山峰。他设想，山峰对物体的引力将是较为容易测量的，而山峰的质量可根据它的体积和密度求出。这位科学家沿着悬崖垂下一根长线，线的下端拴着一个铅球。他想，由于山的引力，铅球会被吸引使垂线偏向山崖，测出垂线偏离的距离就可求出山对铅球的引力来。可是，由于引力实在太小，垂线的偏离几乎测不出来，实验仍然没有成功。

在前人一次又一次失败的情况下，世界上第一个成功地测算出地球质量的是英国科学家亨利·卡文迪什（1731～1810年）。卡文迪什的父亲是一个英国公爵的后裔，家庭颇为富有。1749年到1753年，卡文迪什在剑桥大学学习。后来他又到巴黎留学，回国后在伦敦自己的私人实验室里从事科学研究。1760年，卡文迪什被选为皇家学会会员。他一生中在物理学和化学研究方面都取得了许多成果，万有引力常数的测定是其中最为重要的成就之一。

图3－10　亨利·卡文迪什（1731～1810年）

1750年，剑桥大学的教授约翰·米歇尔（1724～1793年）发表了他对磁相互作用力的研究成果，在研究中他使用了一种巧妙的方法，可以观测到很微小的力的变化。正在剑桥读书的卡文迪什立即向米歇尔教授请教，了解到米歇尔是用扭秤来测微小的力的。他用一根石英丝把一块条形磁铁横吊起来，然后用另一块磁铁去吸引它，这时候石英丝就发生了扭转，磁力的大小就清楚地显示出来了。卡文迪什从米歇尔扭秤实验中得到启发，他试图用类似的装置测量引力。然而，引力太微弱了，完全靠肉眼来观察石英丝的微小变化，实在是太困难了。

在很长的一段时间里，卡文迪什在寻找一种能把石英丝的扭转加以放大的方法。直到1798年，一件偶然的事情启发了他。一天，在去皇家学会的路上，他看到几个小孩正在用小镜子作游戏。他们只要稍一转动小镜子，镜子反射太阳光形成的光点就会发生很大的移动。卡文迪什由此联想到石英丝扭转放大的问题。他重新改进实验装置，把一面小镜子装在石英丝上，成功地进行了实验。

卡文迪什实验中所用扭秤的主要部分如图所示。在一根石英丝的下面倒挂一个T形支架，T形架的水平杆的两端各装一个质量是m的小球，T形架的竖直部分装一块小平面镜，用来把射来的光反射到刻度尺上。实验时，把两个质量为M的大球放在图中位置，他们跟小球的距离相等。由于m受到M的吸引，石英丝发生扭转。当石英丝因变形而产生的扭转力矩跟吸引力的扭转力矩相平衡时，T形架静止不动，这时石英丝的扭转角度可以从反射光在刻度尺上的移动范围得出。

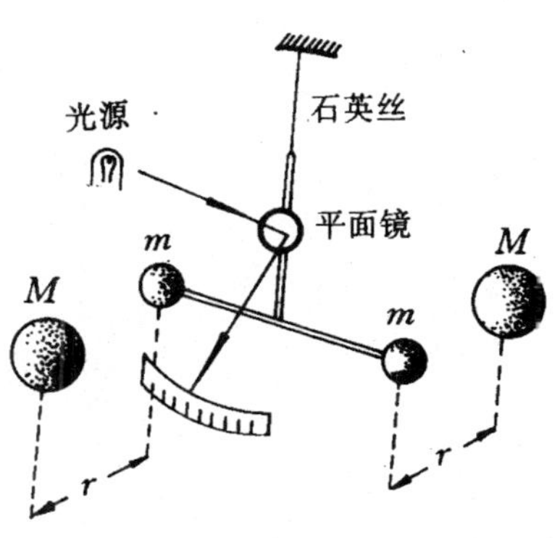

图3－11　卡文迪什扭秤实验

卡文迪什的扭秤灵敏度非常高，利用这套装置，他终于测得了万有引力常数，获得了十分接近我们现在所用的数值；并用他测得的万有引力常数的数值算出了地球的质量是5.976×10^{24}千克，这是一个大得令人吃惊的数字。

从牛顿提出根据万有引力定律来测算地球质量的想法，到卡文迪什完成这一工作，已经过去了100余年；而卡文迪什思考、研究这一问题也经历了近50年。在赞叹卡文迪什巧妙的实验技巧时，我们更钦佩卡文迪什对科学事业锲而不舍、勇于献身的精神。

卡文迪什在50岁后得到父亲和一位姑母的遗产。这样，他就被当时的人们形容为“一切有学问的人中最富有的；一切最富有的人中最有学问的”。但是他一生过着简朴的生活，一心扑在科学研究上。除了实验室，他只去两个地方：到皇家学会参加学术会议，到班克斯爵士家参加伦敦学者们的星期日晚会。1810年，卡文迪什逝世在自己的实验室里，享年79岁。

地球的形状

地球的形状到底是什么样的？这个问题长时期困扰着人类。到了17世纪后半叶，对这个问题的回答却成了对牛顿引力理论的第一个重大考验。

1672年，法国天文学家到赤道附近地区去进行天文考察。他们发现了一件奇怪的事情，他们从巴黎带去的精密摆钟变慢了。当时，人们已经知道，摆的小摆幅摆动的周期T取决于摆长L和重力加速度g，即：

$$T=2\sqrt{L/g}$$

在当时，科学家认为g是不变的，所以摆长一定的摆，它的周期也应该不变。牛顿对同一个摆在地球上不同地点周期不同这一事实进行了深入思考。牛顿推想，摆钟变慢说明摆的周期变大。摆长不变，周期变大的原因只能是因为重力加速度变小；也就是说，一个物体在赤道处所受的地心引力，要比在两极附近的地心引力小。根据万有引力定律，物体之间的引力与它们之间的距离的平方成反比。于是，牛顿提出，赤道处地面距地心的距离要大一些，而两极处地面到地心的距离要小一些，所以地球并不是一个正圆体，而是一个扁平的球体，在两极处较平坦，而在赤道处凸了出来。他设想，在地球形成初期，由于地球绕轴自转的原因，地球中部也就是赤道地方的速度较大，因而产生的离心作用较强，地壳中部就自然外伸而隆起，两极地方则相对扁缩，从而使地球成为了一个扁球体。

在笛卡儿的故乡法国，牛顿的推断立刻遭到了强烈的反对。笛卡儿学派根据自己的理论推断，地球在两极处伸长和凸出，而在赤道则收缩，所以地球是一个沿地轴方向拉长了的椭球体。巴黎天文台台长雅克·卡西尼也坚持认为，地球是尖长的而不是扁平的。他还拿出证据说，法国学者们曾经在法国北部敦刻尔克和南部的佩皮尼昂测量过一度经线的长度，结果也证实了法国学者们的观点。于是，地球的形状到底是什么样的，就出现了两种观点。正如当时有人所说，这同一个地球，“在英国人看来形似桔子，而在法国人看来形如梨子”。这两种观点一直激烈地争论了好多年，直到18世纪中叶才得到解决。

科学上的是非，不是凭着任何一个权威的主观愿望来判定的，唯一的检验标准就是实践。当时也有一些法国科学家指出，卡西尼所依据的测量结果是可疑的，因为两个测量地点离得太近，不足以说明问题。要想得到能说明地球形状的令人信服的数据，要在法国境外更南和更北的地方去进行测量。

1735年和1736年，巴黎科学院先后派出两支远征测量队，分别到南美的秘鲁和北欧的拉普兰德，测定这些地方经线一度的弧长。本来的目的是要更精确地证明法国人的理论，否定牛顿的结论。但是，两个队经过长达9年的测量，却得出了违背他们主观愿望的结果。在位于北纬2°的秘鲁境内的观测点，经线一度的弧长是110.6千米，而在北纬60°的拉普兰德是111.9千米。测量证实了牛顿的推测，地球是一个扁球体。在事实面前，一些法国学者转而相信牛顿的学说，他们坚持实事求是的科学态度，公布了真实的测量结果。也有一些学者又去组织更为精确的复测，然而结果总是有利于牛顿的推测。

在18世纪里，通过测量经线长度来决定地球的大小和形状是大地测量学的一项基本工作。在所有尝试中，最细致、最精确的一次测量工作是法国学者们在法国大革命时期所组织完成的。这次测量历时20年，受到政治动荡和战争风云的影响，学者们为它付出了巨大的代价，有的还

图 3－12　关于地球形状的争论

献出了生命。除了回答地球的形状这一重要科学问题，这次测量工作还有它的实用目的，就是定义长度的自然标准，并把它作为整个度量衡制的基础。至少从 14 世纪发展贸易以来，欧洲就感到需要一种统一的长度单位。那时，欧洲流行着形形色色的度量衡标准。在法国，甚至每个小村镇所用的尺的长短都是不同的，它们的依据是当地统治者脚的长度。混乱的度量标准给商业上的欺诈蒙骗以可乘之机，也给各国学者们之间的学术交流造成困难。但是，一切试图取消这种混乱的努力都遭到了当权者的抵制，他们都想以自己的尺为标准，而不愿采用其他地区的长度基准。法国学者提出，可以以一种自然的长度为基准来定义一个普遍的长度单位，他们选择了 1/4 地球子午圈的千万分之一作为长度的基本单位，称为米。他们认为，这样定义的长度是一个自然长度，任何国家都可以测量，因此容易被各个国家所接受。为了得到米的精确长度，法国学者们测量了从敦刻尔克到巴塞罗纳将近 10°的地球子午线长度。测量工作要勘测 100 多个三角形，并进行大量的计算。利用这次测量的结果，拉普拉斯计算了地球的形状，结果完全符合牛顿的理论。

米的长度于1799年确定，并把它标定在一根铂棒上，这根铂棒就作为长度的标准。同时，也定义了重量的基本单位千克，用一块铂代表，这铂的重量等于1000立方厘米纯水，在真空中、处于密度达到最大时的温度时的重量。这样公制米体系就建立起来了，它很快就被世界上其他国家所采用，对商业贸易和科学交流产生了深远影响。

后来，更加精密的大地测量使人们发现，1/4子午圈的长度是不同的，也就是说，地球不是一个标准的旋转椭球，地球的赤道也不是一个标准的圆。准确地描绘地球赤道的形状，是一项更为艰难，至今尚未完成的工作。

太阳系演化的“星云说”

太阳系的起源和演化是人类长期思考的一个基本问题。科学的天体演化学说，是从18世纪中期才开始提出的。1748年，法国科学家布丰（1707～1788年）提出行星起源于彗星与太阳的剧烈碰撞的假说。布丰认为，彗星从太阳上撞出的一部分物质碎片相继形成了太阳系的6大行星。他假设地球的年龄只有几万年。所有这些假设虽然都不符合科学事实，但却是试图从自然演化的角度去解释天体形成的思想，完全违背了基督教《圣经》教义。正是由于这个假说否定了《圣经》上创造大地的神话和《圣经》纪年，布丰受到了天主教会的迫害。

布丰的假说过于简单，第一个提出真正具有一定科学价值的天体起源学说的是德国哲学家伊曼努尔·康德（1726～1804年）。康德是一位著名的科学家和哲学家，德国古典哲学的创始人。他在青年时代就十分关心自然科学问题。当时在天文观测上，人们已普遍发现了这样的事实：所有行星都沿同一方向绕太阳旋转，它们的轨道都接近于圆，而且几乎在同一平面上；大部分卫星绕它们主星的旋转方向也是相同的，轨道也几乎在同一平面上；行星和卫星同太阳一起都沿着它们公转的方向绕各自的轴自转。通过对这些事实的深入思考，康德于1755年出版了《宇宙发展史概论》一书，书中批判了宇宙不变的思想，提出了太阳系起源于原始星云的假说。这个假说反映了康德早期哲学思想中的唯物主义倾向。他在书中写道：“给我物质，我将给你们指出宇宙是怎样形成的。”

康德认为，太阳系起源于原始星云。原始星云由大大小小的物质粒子组成，这些粒子不均匀地散布在空间。由于粒子之间存在着万有引力，较小的粒子向较大的粒子聚集，在引力最强的地方逐渐凝聚成中心天体。康德认为，粒子之间还有一种排斥作用，它表现为粒子之间的碰撞，使粒子沿不同的方向落向中心天体。最后，当某一个方向上的运动占了优势，就使原始星云转动起来，并且在中心天体周围形成了大致在同一平面上转动的大大小小的粒子团，这些粒子团以后就成为围绕中心天体旋转的行星。根据这个假说，康德说明了太阳和行星的起源。他也解释了卫星和土星环的起源。他认为，卫星的起源类似于太阳系的行星，因为行星是它的中心天体，行星对周围物质有吸引和排斥作用，它使形成卫星的物质在行星的转动平面上聚集，以后就形成了卫星。土星的光环则是从土星的赤道部分分离出来的物质形成的。

图 3－13　伊曼努尔·康德（1726～1804 年）

恩格斯曾高度评价康德的星云假说，认为它“是从哥白尼以来天文学取得的最大进步。认为自然界在时间上没有任何历史的那种观念，第一次被动摇了”。然而，康德在发表他的学说时年仅 31 岁，在科学界尚未出名，著作又是匿名发表的，著作初版印数很少，在 18 世纪后半叶，康德的学说没有产生什么影响。

1796 年，法国著名学者皮埃尔·西蒙·拉普拉斯（1749～1827 年）独立地提出了一个类似的关于太阳系起源的星云假说。拉普拉斯家庭出身贫寒，靠邻居周济才得到读书的机会。16 岁时进入开恩大学，深入学习了数学、天文学和物理学知识，并有所创见。大学毕业后他带着推荐信从乡下到巴黎求见当时大名鼎鼎的让勒隆·达兰贝尔（1717～1783 年），荐书投去，杳无音讯。拉普拉斯随即写了一篇关于力学一般原理的

论文，寄给达兰贝尔，请求指教。很快，拉普拉斯收到了达兰贝尔热情洋溢的回信，信中有这样一句话："你用不着别人的介绍，你自己就是很好的推荐书。"达兰贝尔介绍他到巴黎陆军学校任教授。1785年，拉普拉斯当选为法国科学院院士，后来又先后在巴黎多科综艺学院和高等师范学院任教授。1817年，被选为法兰西学院的主席，这是当时法国学术界的最高荣誉席位，对科学工作有重要影响。拿破仑当政时拉普拉斯被任命为内政部长，并被封爵。拉普拉斯才华横溢，著作颇丰，研究领域十分广泛，特别是他对当时的一个新的数学分支理论——分析学的研究，以及将这一数学方法应用到力学和天体力学的工作，获得了划时代的成果。

图 3－14　拉普拉斯
（1749～1827 年）

1796年，拉普拉斯发表了一部文字通俗的科普读物《宇宙系统论》，这是一部关于宇宙的著作。在书中他阐述了他的星云假说。拉普拉斯认为，太阳系起源于一个巨大的、热的而且在缓慢转动着的星云。由于逐渐地冷却，星云在不断地收缩，转动自然就加快，星云赤道部分的物质所受的惯性离心力随之加大。当这一作用力与星云物质间的引力处于平衡时，赤道最外缘的物质将不再随星云一起收缩，而是从星云中分离出来，形成一个围绕星云转动的气环。当这同一过程，一次又一次地重复时，就形成了多个围绕星云转动的气环。气环中的物质是不均匀的，较密的部分把附近的物质吸引过来，使气环断裂并逐渐形成了行星。不断收缩的星云中心部分，就凝聚成太阳。拉普拉斯的星云假说，合理地说明了太阳系中行星都按同一方向旋转，以及行星轨道大致在同一平面上等事实。

拉普拉斯的假说较康德的假说更多地考虑了太阳系的动力学特征，18世纪的天文观测结果也证实了康德的某些预言。康德曾根据他的假说，

图 3－15　拉普拉斯星云说（按自上而下的顺序演化）

从力学原理估计，土星光环的周期约为 10 个小时左右。威廉·赫歇尔（1738～1822 年）于 34 年后所作的观察表明，这个周期约 10 个半小时。康德关于土星光环由密集的独立颗粒构成的见解，后来也为数学、光度学和光谱学研究所证实。然而，也有一些太阳系的动力学特征是星云假说解释不了的。

一个多世纪以来，越来越多的天文观测资料证明，星云说的基本观点是合理的。到目前为止，人类对太阳系起源和演化的认识仍然处于假说阶段。康德和拉普拉斯的假说的意义，不仅在于它能解释太阳系的一些力学特征，最重要的是它提出了一个重要思想，即宇宙中的天体是演化而来的。这一思想在 18 世纪僵化的自然观上打开了第一个缺口。恩格斯说："在康德的发现中包含了一切继续进步的起点。如果地球是某种逐渐生成的东西，那么它现在的地质的、地理的、气候的状况，它的植物和动物也一定是某种逐渐生成的东西，它一定不仅有在空间中互相邻近的历史，而且还有在时间上前后相继的历史。"正如恩格斯所说，星云说中所包含的重要思想，对 19 世纪科学的发展产生了深远影响。

物 理 篇

磁学的诞生

尽管磁石吸铁的现象在公元前数百年就已发现，指南针至晚在12世纪初已用于航海，但是磁学作为一门科学是从英国科学家威廉·吉尔伯特（1544～1603年）开始的。吉尔伯特最先对磁现象进行了系统的研究，获得了许多重要的发现，从而奠定了磁学的基础。1600年，吉尔伯特的巨著《论磁》出版，是磁学诞生的标志。从此开始了电磁现象研究的新纪元。《论磁》也是在英国诞生的第一部物理学著作。

吉尔伯特生于英国东南的科尔切斯特镇上一个比较富裕的家庭。1558年，14岁的吉尔伯特进入剑桥大学学习，两年后获得学士学位。后来，他又学习医学，25岁获得博士学位。毕业后，吉尔伯特到欧洲大陆进行学术旅行，并在意大利留学。在当时学术交流还很不广泛的情况下，学术旅行是广泛了解科学研究新成果，进行学术交流和在学者之间建立友谊与持久联系的一种重要方式。17、18世纪的学者中有许多人都得益于这种学术交流形式。以后，吉尔伯特定居伦敦行医，很快成为一名具有重大成就和声誉的医生，不到40岁就被聘为英国皇家医学院的研究员，并教授医学课程。1600年，他被任命为皇家医学院院长，并被聘为英国女王伊丽莎白一世的御医。正是在这一年，他17年科学研究的成果《论磁》也出版了。

吉尔伯特用大量时间博览群书，上自天文，下至地理，无所不知。他反对虚妄的臆测和无稽之谈，他认为科学应该带来益处，为此就必须把科学建立在实验的基础之上。吉尔伯特花了大量时间走访海员、魔术师，寻问有关磁的知识，他亲自采集磁石，制作磁球、磁针和磁石仪器，反复进行实验和概括，他是把用实验方法探索自然界和从理论上解释自然界这两者结合起来的典范。

图 4－1 威廉·吉尔伯特（1544～1603 年）

吉尔伯特作了许多有关磁体性质的实验，其中最著名的是他称为“小地球”的实验。他用一块大的天然磁石磨制成一个大磁石球，用一根短铁丝即一个由放在一支枢上的一根细小罗盘针构成小磁针。把小磁针放在磁石球表面上，并把小磁针所指示的方向用粉笔画在磁石球上面。他发现，小磁针的全部行为与指南针在地球表面上的行为完全一样。用这种方法，吉尔伯特在磁球上画了许多大圆圈，这些圆圈都近似地通过磁球上两个正好相对的点，吉尔伯特将这两个点称为磁极。他把天然磁石球上与两极等距离的大圆圈称为磁赤道。吉尔伯特发现，当小磁针位于磁赤道上任何一点时，小磁针与磁石表面平行；而当小磁针位于磁球的两极时，小磁针与磁球表面垂直；当小磁针在磁球表面移动时，它对磁球表面的倾角随它距两极的距离而变化。吉尔伯特想到指南针在地球上不同纬度时与地球表面的夹角不同的现象，这导致他把地球想象为一个巨大的磁石，而将他实验中所用的磁球称为“小地球”，他认为许多磁现象都与地球这个大磁石有关。

根据实验，吉尔伯特预言：地球北端的磁倾角要比伦敦地区的磁倾角大，在北极磁针会取垂直位置。1608 年，赫德森在美洲北极地区进行探险航行，他的观测部分地证实了吉尔伯特的预言。事实上，在北纬

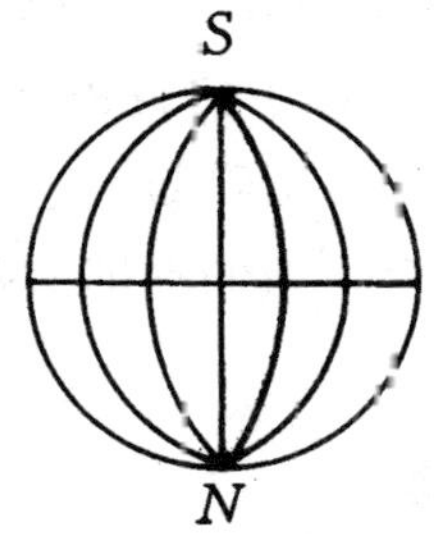

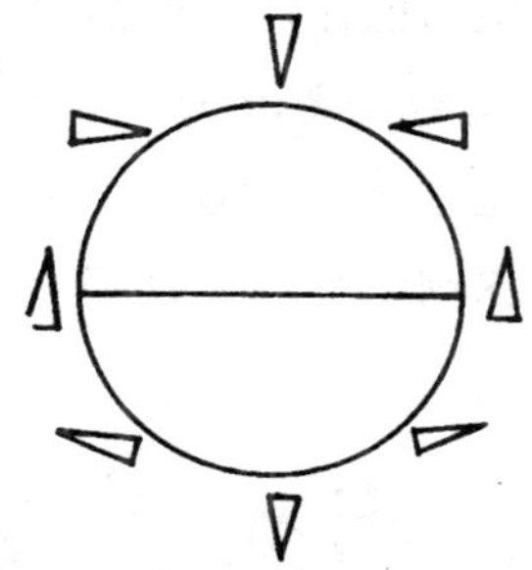

图4-2 吉尔伯特的“小地球”实验

75°，磁针就几乎取垂直位置。这同吉尔伯特的思想不完全一致。地球的磁极和地理南北极不完全重合。

根据实验结果，吉尔伯特总结出一个普遍原理：每一个磁体的磁北极吸引别的磁体的磁南极，而排斥它们的磁北极。

在实验中，吉尔伯特还发现，在磁石的两极装上铁帽后，磁石的磁力大大加强了，这实际上是铁被磁化的结果。另外，他还发现，磁力的大小与磁石的大小成正比关系。他注意到，任何一块磁石都具有南、北两极，也就是磁石的两极永远不可分离这个现象。

吉尔伯特对电现象也作了仔细的研究，他从琥珀摩擦后会吸引轻小物体的现象中受到启发，他收集了许多物质进行摩擦。他发现，诸如金刚石、蓝宝石、硫磺、树脂、明矾、云母、水晶等经摩擦后都有吸引轻小物体的作用。吉尔伯特把它称为“电性”。他通过实验认识到电现象也是一种普遍的物质现象，从而破除了人们对电的迷信。

在大量的磁学和电学实验研究的基础上，吉尔伯特对电和磁现象进行了比较，发现它们之间有许多不同。他总结为：（1）电性可以用摩擦的方法产生，而磁性是自然界中磁体才具有的；（2）磁性有两种——吸引和排斥，而电性仅仅有吸引（当时还不知道有排斥）；（3）电吸引比磁吸引弱，但是带电体可以吸引任何轻小的物体，而磁石只对可以磁化的物质才有力的作用；（4）磁体之间的作用不受中间的纸片、亚麻布等物体的影响，而带电体之间的作用要受到中间这些物质的影响，当带电体浸在水中时，电力的作用可以消失，而磁体的磁力在水中不会消失；(5)磁力是一种定向力，而电力是一种移动力。吉尔伯特由比较得出结论：电和磁是两种完全无关的现象。这个论断是不正确的，它对以后电磁学的发展产生了深刻的影响，直到19世纪初叶，人们都把这两种现象看成是完全孤立的。

图4－3　伊丽莎白女王观看吉尔伯特的实验

马德堡市市长的“业余爱好”

马德堡是德国中北部易北河畔一座风景秀丽的城市。1646 年，热心公务事业的奥托·冯·格里凯（1602～1686 年）当选为该市市长。格里凯 1602 年出生于马德堡的一个贵族家庭，1686 年在汉堡逝世。格里凯早年攻读法学，后来改学数学和力学，大学毕业后，曾先后赴英国和法国留学，23 岁时才回到故乡。当时的欧洲正卷入发生于 1618～1648 年的 30 年战争的旋涡之中，而主要战场就在格里凯的祖国德国。在这场大动乱时期，格里凯大部分时间致力于帮助德国各个城市巩固城防。返回故乡后，他又参与了保卫家乡的战斗。当选市长以后，格里凯更是忠于职守，运用他的科学知识，为家乡架设桥梁，建造要塞，他深得信任而连任 35 年。在公务之余，格里凯以极大的好奇心进行了许多物理实验。他的这种以重视实验为特色的研究，在当时的德国还是新鲜事，他的倡导和成果为实验科学在北欧的兴起开辟了道路。格里凯制造过温度测量装置和气压计，他发明的摩擦起电机经改进后成为 18 世纪那些“电气魔术师”们的必备装置，而他所发明的气压实验用具马德堡半球更是举世闻名。

古希腊学者亚里士多德认为，真空并不存在，此后的学者们就一直相信自然界惧怕真空，他们说，一但出现了被弄空了的“虚空”，这部分“虚空”就立即会被自然界的其他东西所填满。抽水机之所以可以把水提到高处，就是因为当活塞向上移动时，在其下面的管子中造成了虚空，低处的水就赶紧升上来填补虚空，因此就被提高了。

17 世纪中叶以前，人们发现用抽水机提水高不过 10 米。当时，采矿业发展较快，人们急需把较深矿坑中的水抽上来，于是矿主纷纷聘请最好的技术人员来改进抽水机。许多技师曾集中精力苦心研究，他们大都把注意力集中在改进抽气机装置，力求在技术上有所突破。虽经长时间努力，问题还是没有解决。伽利略晚年也注意到这一奇怪现象，通过实验研究后，他提出，自然界“惧怕真空”的力量，或者说对真空的阻力是有限度的。伽利略让他的学生埃旺格里斯塔·托里拆利（1608～1647 年）研究这一课题。

图 4－4　奥托·冯·格里凯
（1602～1686 年）

托里拆利设计了以垂直水银柱测定真空阻力的方案。因为水的比重为水银比重的 1/14，所以他预计水银柱的高度约相当于水柱的 1/14。托里拆利把水银注满长约 1 米的玻璃管，一端封闭起来。用手压住开口，将玻璃管倒置于水银槽中，当手指移开时，水银柱下降了一个高度，管子上段就出现了一段变空了的空间，即真空。这个实验说明，获得真空是可能的，这就直接否定了亚里士多德的观点，在科学界引起了极大的轰动。

格里凯在前人关于真空问题争论的激励下，决定进行制造真空的实验，为此他制成了抽气机。这一发明，对气体物理性质的研究具有极为重要的意义。起初，格里凯用一只木桶，里面充入水，木桶的缝隙用沥青严密填塞住，他想到如果将桶里的水抽去，木桶内就会成为一个真空。但当他将水抽空时，他却听到了空气穿过木桶微孔进入木桶的声音，实验以失败告终。

格里凯用一个铜制球形容器代替木桶再次进行实验，结果当铜球中的空气被抽空到一定程度时，突然一声震耳的巨响，铜球塌瘪了。于是，格里凯制造了一个更大、更坚固的球形金属容器，用抽气机将其中的空气抽走。他发现，当打开容器的活塞时，空气以极大的力量挤进容器，这力量之大，简直像要把拔活塞的人吸到容器里一样。他利用这样一个抽空的容器，通过空吸作用，把水从地面吸到了第三层楼上，但是升不到第四层。格里凯把水的上升归因于大气压力的作用。他设计实现的很多实验十分新奇，吸引许多人前往观看。

图 4－5 格里凯的实验

1654 年，帝国议会在雷根斯堡举行会议，格里凯应邀给议员和斐迪南三世表演了一些引人入胜的气体实验。实验这一天，天气十分晴朗，人们议论着纷纷赶往现场。这次表演中，给人留下最深刻印象的是证明大气压强数值很大的“马德堡半球”实验。格里凯和他的助手用两个精心制作的，直径约 37 厘米的空心青铜半球，其边缘紧密合在一起，抹上密封剂，然后将空气抽空，再把气嘴上的龙头拧死，这时周围的大气把两个半球紧紧地压在一起。格里凯在每个半球的柄上都套上一支 4 匹马的马队，马夫沿相反的方向驱赶这两支马队，却无论如何也不能将两个半球拉开。格里凯命令两边各增加 4 匹马。这样在 16 匹马的作用下，两个半球才勉强被拉开。在两半球分开的一刹那，外面的空气以巨大的力量、极快的速度冲进球内，发出震耳的巨响。观看表演的人们大为惊诧，激动不已，无不为科学的力量所惊叹。

图 4－6 马德堡半球实验

格里凯用他精彩的实验说明，我们生活在其中的大气，是有很大的压力的。例如，一块长 1 米，宽 1 米的木板所受大气的压力约为 100000 牛顿。由于大气压力是各个方向都存在着的，同时压在板的上面和下面，因此板才没有被压垮。标准大气压的数值为 1033 克/厘米^2，也就是说，如果我们可以找到一个 1 平方厘米截面的长管子，使它一端在地面，另一端直插大气层顶端，那么管中的空气约重 1033 克。

格里凯十分善于组织科学实验的表演，是科学知识传播的积极促进者。他在实验中让两队马向相反的方向拉，他本可以用比较呆板的方法做同样的事：把一个半球绑在大树上，用一队马来拉另一个半球，但用两队马来拉，会给人留下更强烈的印象。

1660 年左右，格里凯开始研究摩擦起电现象。在古希腊和中国古代，

人们早已发现琥珀等物体经摩擦后能吸引轻小物体，这种现象被称为电现象。格里凯感到用手摩擦很费事，发明了摩擦起电机。他用婴儿头般大小的玻璃瓶，把研成粉末的硫磺倒入其中，加热使硫磺熔解为液体，等冷却后，打碎玻璃瓶，就得到一个硫磺球。将硫磺球沿直径穿一个孔，插入铁轴，安装在座架上，使其能绕铁轴转动，这便成为一个最原始的摩擦起电机。转动硫磺球，把干手掌放在它上面，球与手掌摩擦，便源源不断地产生出电来。

格里凯用摩擦起电机做了许多有趣的实验。他把摩擦过的硫磺球从架子上取下来，手拿着它的轴靠近羽毛，羽毛就被吸引到它上面；但羽毛一碰上硫磺球却又立即被排斥飞离开去。格里凯拿着球追赶排斥飞舞的羽毛，不让羽毛落下，使羽毛飘浮在空中。羽毛张开着，飞舞着，就像活的一样。他还发现，羽毛喜欢靠近它前面任何物体的尖端。他实际上发现了电的排斥作用，观察到了物体尖端对电的特殊作用。格里凯在实验中还发现，电的作用可以沿亚麻线传递，并且看到了在手和硫磺球之间出现的放电现象。

图 4－7　格里凯的摩擦起电机和羽电实验

格里凯的起电机和实验研究工作吸引了许多科学家。后来经多人的改进，起电机的效力和威力都大大提高了，为电学的实验研究提供了一个简便有效的电源，对电学的发展起了重要作用。

帕斯卡

布莱斯·帕斯卡（1623～1662年）是17世纪法国著名的数学家和物理学家。1623年，帕斯卡出生于法国的克莱蒙费朗，父亲是一位数学家，母亲也受过良好的教育。帕斯卡自幼就受到了极好的家庭教育。后来，全家迁居巴黎，他的学习条件就更好了。在学校里，帕斯卡对数学和物理学课程十分感兴趣。16岁时，父亲带他参加了巴黎数学家和物理学家小组的学术活动，这个小组在1666年改组为巴黎科学院。这个时期，他就开始了数学研究，并取得了一系列成果。

在数学领域，帕斯卡研究过圆锥曲线，得到射影几何的一个重要定理，即圆锥曲线内接六边形，其三对边之交点共线，这个定理后来被称为帕斯卡定理。他还研究过代数中的算术级数和二项式展开，关于二项式展开的系数规律，他提出了帕斯卡三角形。他与另一位法国数学家费尔马及荷兰科学家惠更斯共同建立了概率论和组合论的基础，得出了关于概率论问题的一系列解法。他研究了摆线问题，得出了求不同曲线面积和重心的一般方法。他还设计并制造出了一种二进制算术加法器，为后来计算机的设计提供了原理基础，这台计算器至今仍

图4－8　布莱斯·帕斯卡

（1623～1662年）

保存在巴黎法国国家工艺博物馆中。

帕斯卡在物理学方面的成就，主要是对流体静力学和大气压强的研究。

通过实验，帕斯卡认识到，由于液体有重量，盛有液体的容器的器壁上受到液体的压力，而压强的大小仅仅跟液体的深度有关。传说，帕斯卡曾做过一次生动的实验表演，取一个大木桶，把它密封起来，再在盖面上开一个小孔，接上一根细长的管子，在桶里，灌满水，桶没有什么意外现象发生。然后，他用几杯水灌注在细管里，水面一下升高了好几米，惊人的现象出现了：水破壁四溅。这个实验引起观众的莫大兴趣。一桶水都没有把桶压破，几杯水却产生了如此巨大的力量。帕斯卡的解释是：水对桶的压力，并不是由桶内水的重量的大小决定的，而是由水对桶壁的压强决定的。水的深度的增加，使水对桶壁的压强急剧增加，桶便被压破了。

帕斯卡用实验说明，液体能够把所受到的压强向各个方向传递，而压强的大小不变。他说：“一个灌满水的容器，但不是全部密闭，它上面有两个开口，其中一个开口的大小是另一个的 100 倍。每个开口中配上紧密的活塞。当一个人压小活塞时，小活塞上产生的力能平衡 100 个人压大活塞的力，能超过 99 个人的力。”“这两个开口之间不论保持怎样的比例，当施加在两个活塞上的力平衡时，力和开口的大小成比例。因此，充满水的容器遵循新的力学原理，它也是一架新型机器，只要你需要，就能把力扩大到任何程度。一个人靠这种方法能举起任何负荷。”在这里，帕斯卡向我们揭示了水压机的工作原理，后来他还制成了水压机。他所揭示的物理规律可以表述为：加在密闭液体任一部分的压强，必然按照其原来的大小，

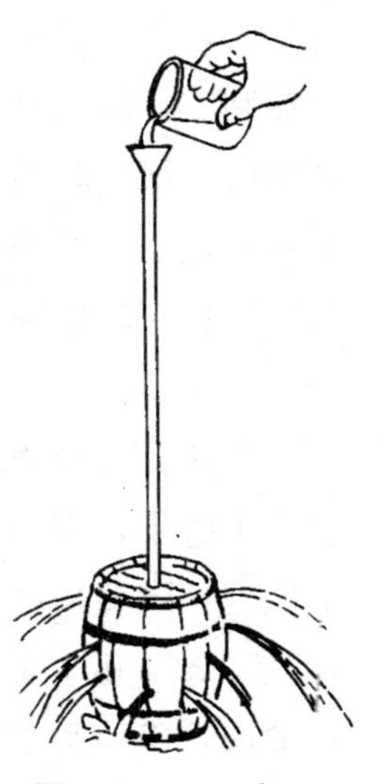

图 4－9　几杯水竟把水桶压破

由液体向各个方向传递，而压强的大小不变。这就是今天物理学中的帕斯卡定律。

帕斯卡对大气压的研究受到托里拆利实验的启发。1643 年，托里拆利用水银证实了大气压强的存在，并测定了大气压强的数值，但是这件事曾一度被教会当做秘密而保守起来。1646 年，帕斯卡知道了托里拆利实验，他立即动手重复，很快获得成功。1647 年初，他在法国当时最好的一家玻璃工厂中定做了长约 12 米的各种形状的玻璃管，把它们运到船上，固定在船桅上，分别用水和葡萄酒做实验。实验前，很多人认为，酒易挥发，而在挥发气体的作用下，其液柱要比水柱低一些，实验结果却相反。因为葡萄酒的密度比水的密度小，所以葡萄酒的液柱比水柱高。由于实验规模很大，吸引了很多人，实验的成功轰动了巴黎学术界。帕斯卡从实验中得出两条令人信服的结论：其一，空气确实有重量；其二，真空确实存在。

帕斯卡进一步设想，由于空气有重量，产生了大气压强，那么，愈向高空，大气层愈薄，产生的大气压强应愈小。于是，他带了一套做托里拆利实验的仪器，到一座高塔上去做实验。他先在塔下重复了托里拆利实验，记下玻璃管内水银柱的高度，然后到塔顶去再做一次，发现这时水银柱的高度确实比在塔底时低了一些。他怕自己的实验不准确，还写信给住在法国南部的姐夫皮埃尔，委托他在故乡克莱蒙费朗的多姆山上进行实验。

按照帕斯卡的建议，皮埃尔带了两套托里拆利实验仪器，一套放在多姆山脚下，带着另一套沿着山坡向上爬，同时注意着水银柱的高度。他发现，随着高度增加，玻璃管里的水银柱在慢慢下降，到了山顶水银柱已下降了几厘米。下山时，水银柱的高度又在上升，回到山脚下，两只玻璃管里的水银柱高度又一样了。皮埃尔将实验结果报告了帕斯卡。

1648 年，帕斯卡总结了他和皮埃尔的实验结果，得到了大气压强随高度增加而减小的规律。这一发现，在地学研究和航空技术中有广泛应用。后来，帕斯卡想利用气压的变化来测量山的高度，没有成功。今天我们知道，在海拔 2000 米内，平均每升高 12 米，托里拆利管中的水银柱就降低约 1 毫米。

帕斯卡还和皮埃尔一起观测了同一地点大气压力随时间的变化情况，他们发现，气压的变化与天气变化有关，从而成为天气预报中应用气压计的先驱者之一。

帕斯卡对文学也极有造诣，他的作品对法国文学颇有影响，他的许多名句被后人传诵而逐渐成为法国谚语。30 岁以后，帕斯卡的兴趣从自然科学转向神学，1655 年进入巴黎附近的一个神学研究中心，过了 7 年多与世隔绝的生活，1662 年病逝在那里，终年仅 39 岁。

把冷热程度客观化

在古代，人们已经用寒凉、温热这些字来描述不同程度的冷热感觉。辨别物体冷热程度的简单方法，就是利用触觉。人们可以通过触觉把各个物体按照其冷热程度排列起来，以表明甲比乙热，乙比丙热，等等。表征物体冷热程度的物理量，就是温度。通过触摸物体来判断物体温度的高低，是一种定性的、不精确的方法，而且带有极大的主观性。英国哲学家洛克（1632～1704 年）在 1690 年曾提出一个很简单的实验，以证明这种方法的不可靠性：用 3 个容器，分别装上冷水、温水和热水，我们先把一只手浸在冷水中，把另一只手浸在热水中，就会感到第一个容器里的水是冷的，第二个容器里的水是热的。然后把两只手同时浸入温水中，这时两只手就会得到相互矛盾的两种感觉：一只手觉得是热的，另一只手觉得是冷的。但事实上这个容器中水的温度是同一的。同样的道理，热带的居民到温带来会感到寒冷，而寒带的居民到温带来会感到炎热。经验还表明，温度相同而材料不同的两个物体，也会给出冷热程度不同的感觉。如寒冷的冬天，在室外分别触摸一块木块和一块铁块，使人感到铁比木头更凉。在判断冷热程度时，触觉的这种主观随意性，使触觉方法不可能用于精密定量科学中。

应该特别说明的是，温度的测量与一般物理量的测量有不同之处。对于一般的物理量，如长度、重量而言，我们可以选定某种标准原器或单位，测量所得之值即为该单位的若干倍数。如长度单位可选用米，制

成尺，来测量。但是，对于温度来说，不可能拿出一个标准原器或单位。这样，要找到一种客观化的测量物体冷热程度的方法，就成了件煞费周折的事情了。

根据日常经验，当两个冷热程度不同的物体相互接触时，热的物体就会变冷，冷的物体就会变热。在这个温度变化的过程中，对于各个物体来说，它们都有一些可测量的物理性质，随着它们冷热状态的变化而变化。例如液体的体积、金属杆的长度，定量气体的体积保持不变时的压强，等等。这些物质都会随物体的温度而变化，因此都可以用来作为表征物体冷热程度的客观标志。在经过一段时间后，两个物体的状态变化会停止下来，它们的有关物理性质不再随时间变化，这两个物体便具有相同的温度而达到一个共同的平衡态，这种平衡态称为热平衡。大量实验表明，如果两个物体中的每一个都与第三个物体处于热平衡，则这两个物体彼此也必定处于热平衡。这个规律被称为热力学第零定律。

热力学第零定律为温度的测量提供了客观根据。一切互为热平衡的物体都具有相同的温度这一结论，可以使人们利用被称为温度计的装置作为共同标准，通过它与被测物体热接触并达到热平衡时自身性质的变化，反应出被测物体温度数值；还可以将这个装置作为共同的标准，去比较并不直接接触的其他物体之间的温度的异同。这样我们对温度的测量就是间接的，是根据在温度变化时物体的某些性质的相应变化标志出温度的。

最早的一支温度计，大约在1603年由意大利科学家伽里莱·伽利略（1564～1642年）制造出来。伽利略利用了古代人们早已知道的空气受热后会膨胀这一性质。他取一个麦秆粗细的长玻璃管，其一端连接一个鸡蛋大小的玻璃泡，开口的另一端则倒插入一个盛有着色的水的容器里（图4—10）。可以利用预先在玻璃泡内注入一些水或将玻璃泡加热的办法，使玻璃管内形成一段水柱。玻璃泡与待测物体接触后，当温度上升或下降时，泡中的空气就膨胀或收缩，而玻璃管中的水柱就随着下降或者上升，从而显示出待测物体的“热度”。当时还没有建立起温度概念，伽利略用“热度”这个词来表示冷热程度。伽利略的装置，实际上是一种空气温度计，或者说是空气验温器。

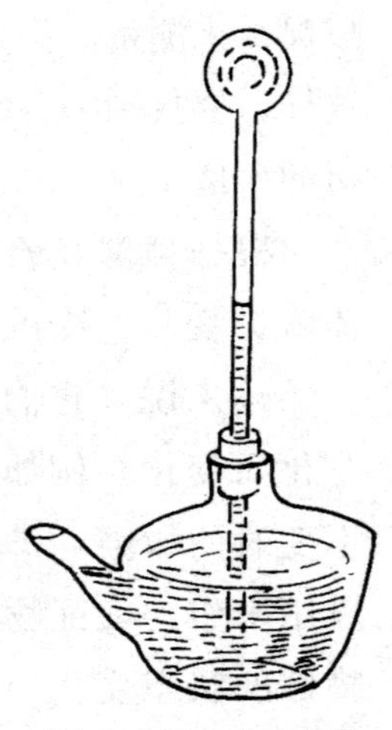

图 4－10　伽利略验温器

在伽利略本人的著作中，他只是简单地提到这种仪器的原理，没有进行详细的描述，在他的验温器的玻璃管上，很可能有标度。他在他的伟大著作《对话》里曾说到过热 6 度、9 度和 10 度的话。人们推测这是他从验温器上获得的读数。伽利略的朋友和同事、帕多瓦大学的解剖学教授桑托留斯对这一装置进行了改进，他在玻璃管上等分出 110 个间隔，用来表示用雪冷却和用蜡烛烧灼玻璃泡这两个温度间的“热度”。

法国医生让·雷伊（1552～1630 年），为了使用的方便，简单地将伽利略的仪器倒转了过来，玻璃泡内注入水，作为测温物质，利用水柱的高低变化来显示温度的高低。这可以算作第一支液体温度计。

液体温度计制造上的一个重大改良归功于托斯卡纳大公费迪南二世，他是佛罗伦萨西门图学院的创建人之一。西门图学院的主要成员是伽利略的一些学生。在它存在的短短的 10 年中，这些院士们进行了许多工作。费迪南二世用有色的酒精代替水作为测温液体，并将玻璃管的上端用蜡密封，从而消除了液体蒸发和大气压变化的影响。西门图科学院的学者们，沿玻璃管上用细的玻璃珠进行分度。按照所需要的精确度，他们使用的温度计采用不同的分度数，有 50～300 不等。图 4－12 所示的西门图科学院的温度计有 300 个分度。由于管子太长不能制成直管，因此巧妙地把它做成螺旋形状。现在，在佛罗伦萨科学史博物馆中还保存有大量当时制作的测度计。

图 4－11　佛罗伦萨温度计

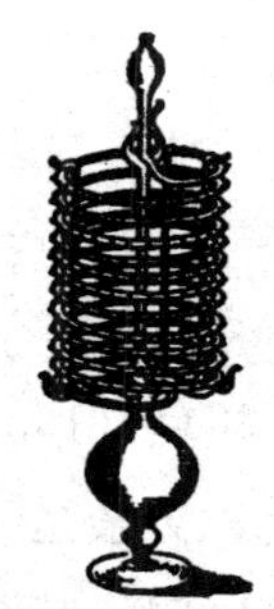

图 4－12　佛罗伦萨螺旋温度计

西门图科学院的温度计不久就传到了欧洲。费迪南三世把这种温度计作为礼品赠给波兰皇后；波兰人又把一支温度计送给法国天文学家博里奥。在英国，最早进行测温实验的人是波义耳和胡克。

有了温度计，对冷热的测量客观化了，热学便迈上了实验科学的台阶。

实验家胡克

罗伯特·胡克（1635～1703 年）是英国物理学家和天文学家。胡克出生于英格兰，父亲是一位牧师。胡克幼年时身染重病，经常头痛，这使他的父亲很失望，甚至怀疑他是否能健康地活下来。胡克从小喜欢动手制作一些机械的玩具，经常把家里的东西拆开来摆弄。据说他曾经把一座钟拆开，照样用手工复制了一个。他还制造过能在水中开动的航模等。

1648 年，胡克的父亲逝世后，家道中落。为了生活，13 岁的胡克曾跟一位画家当过学徒，后来做过教堂唱诗班的领唱，还当过富豪的侍从。在父亲生前的一位好友的帮助下，胡克开始接受中学教育，主要学习了拉丁文、希腊文和数学知识。中学时期，胡克对数学产生了特殊的爱好，据他自己记述，有一次竟在一周之内贪婪地读完了欧几里德的《几何原本》的前 6 本。

1653 年，胡克进入牛津大学学习，有机会结识了一批有才华的科学界同行，这些人后来大都成为英国皇家学会的骨干。毕业后，胡克成为著名化学家罗伯特·波义耳（1627～1691 年）的助手。波义耳是胡克在牛津大学时的老师，他对胡克喜欢独立思考和善于动手的特点十分欣赏。在波义耳的指导下，胡克走上了科学研究的道路。1662 年，英国皇家学会成立，第二年，胡克就被选为皇家学会会员，还被任命为皇家学会的干事，职责是为皇家学会的每次会议准备几项新的实验。那时，胡克是

皇家学会中最有才干的实验家，也是最有独创性、最富有想象力的发明家。1677年，胡克被任命为皇家学会秘书长。

作为17世纪英国最优秀的科学家之一，胡克的科学成就是多方面的。在力学、光学和引力研究方面，他的成果仅次于牛顿；而作为科学仪器的发明者和设计者，几乎没有人能同他相比，17世纪许多领域的科学仪器的发明、制作或改进都与他有关。

发现弹性体的胡克定律是使胡克享有盛名的主要成就之一。1660年，胡克用弹簧做了许多实验。他先把弹簧的一端悬挂起来，在另一端加重物，弹簧就会发生形变，有一定伸长。他用各种不同重量的物体分别挂在弹簧的一端，逐一测出弹簧的伸长。经过多次反复的实验测量，胡克发现重量增大几倍，弹簧的伸长也增加了几倍，从而得出结论：重物重量的大小与弹簧的伸长成正比。后来，胡克又用钟表的游丝做实验，他把钟表的游丝固定在黄铜的轮子上，加上外力，当轮子转动时，游丝便收缩或放松。他发现，所加外力的大小与游丝收缩或放松的程度成正比。胡克还用金属线、木片等弹性物体做实验，都发现了同样的结果。于是，胡克明确地给出结论：物体在弹性限度内，它的形变与它所受的外力成正比。这就是我们今天所说的胡克定律。

开始，胡克没有明确宣布这条定律的内容，而是把它写成一个字谜形式。两年后，当无人能猜中字谜的意思，而他本人又经过了进一步的工作，确信自己的发现正确无误时，胡克才公布了谜底，意思是“有多大的伸长就有多大的力”。他还证明，遵从胡克定律的弹簧的振动是等时的，这使他认识到，振动的弹簧与一个单摆在动力学上是等价的，因此他又对简谐振动作了比较深入的研究。胡克还把他的发现应用于实际，发明了用发条控制的摆轮，提供了制造发条钟表的核心部件。

胡克对万有引力也进行了富有成效的研究，他的某些想法对于牛顿建立万有引力定律的工作可能起过积极的启示作用。1674年，胡克已经认识到天体都是互相吸引的。他还指出，受引力作用的物体，越靠近吸引中心吸引力越大。至于吸引力在什么程度上依赖于距离，胡克还没有搞清楚。胡克说，引力和距离的关系很重要，一旦知道了这一关系，天文学家就很容易解决天体运动的规律了。1679 年，胡克给牛顿写了一封信，提出行星的吸引力和行星到太阳的距离的平方成反比，不过有两个关键的地方，他还不能证明：第一，怎样从平方反比定律证明行星的运动轨道是椭圆；第二，他无法肯定计算引力时，是否可以把巨大的星体看作一个质点。另外，胡克也没能充分认识引力的普遍性，他没有把平方反比定律提高到“万有”的水平，例如没有应用到彗星之类的天体上。

1687 年，牛顿正式发表万有引力定律，此前，胡克曾利用他皇家学会秘书长的身份阻挠牛顿著作的出版，此后，他与牛顿之间又产生了一场关于万有引力定律发现的优先权的长期争论。

胡克是光的波动说的创始人之一，他最早指出，光振动可以垂直于传播方向，也就是说光波是一种横波。利用光的波动说，胡克成功地解释了薄膜的颜色等光学现象。

胡克在仪器制造方面的才干尤为突出。1659 年，在格里凯真空泵的基础上，胡克研制成功一台改进的真空泵。利用这台真空泵，在胡克的

图 4－13　胡克的复式显微镜

帮助下，波义耳发现了气体的波义耳定律。胡克还制成了一架反射式望远镜，并用它成功地观察到了火星的旋转。对显微镜的改进使他能够最先利用显微镜来做精细的科学研究工作。1665年，胡克用显微镜观察了软木栓的结构，看到了一个个小室，他把它们称为“细胞”，这一术语经他引入科学后，一直沿用至今。他还对显微镜下动植物的构造做了详细描述，并画出了苍蝇的复眼、鸟的羽毛、蜂针等的结构。胡克还为远洋探测设计过一些仪器，如海深探测仪、海水取样仪等。

胡克是一位兴趣广泛的科学家，在科学研究的其他领域也取得了不少成果，诸如建筑、化石、气象等方面，他都有所涉猎和贡献。

1703年，胡克在伦敦去世，享年68岁。

白光是单纯的吗?

世界上的万物，五彩缤纷，炫目多姿，这个现象早就引起人们的思考。但是在光学发展的早期，对颜色是怎么产生的这个问题，很难作出解释。直到17世纪，欧洲人对颜色的认识还停留在古希腊学者亚里士多德观点的水平上。认为颜色并不是物体本身的客观性质，而只是人的主观感觉，一切颜色的形成是由光明与黑暗、白与黑按比例混合的结果。当时有不少科学家讨论过颜色问题，有人提出红光是浓缩了的光，紫光是稀释了的光。虽然人们早就发现，日光通过棱镜后会产生出各种各样的色光，但认为这是由于棱镜的作用而新产生出来的，而想不到这是把已经存在于白光中的色光分离开来。当时都认为白光是“最单纯”的，它怎么会包含有各种色光呢?

牛顿在剑桥大学当学生时就对光学问题产生了兴趣。1666年，回乡躲避瘟疫时，牛顿买了一个棱镜，开始了对白光进行色散的研究。他把房间弄暗，在窗板上钻一个圆圆的小孔，让一束日光通过小孔射进房间。牛顿把棱镜放在日光入口处，于是日光便被折射到对面的墙上。牛顿立即被墙上五彩缤纷、浓烈鲜艳的颜色吸引住了。一条彩色的光带，按照红、橙、黄、绿、蓝、靛、紫的顺序，排列成一个规则的光谱，就像从天上剪下来的一段彩虹。牛顿从兴奋中冷静下来，对这个现象进行认真的观察，他吃惊地发现，光带呈长椭圆形状，而不是他曾预期的和窗板上小孔一样的圆形；改变棱镜的摆放角度，可获得光束直径5倍的长光

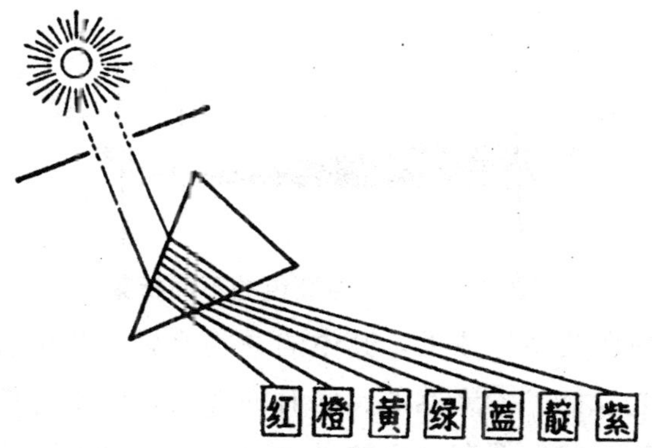

图 4－14　日光中的不同色光，通过棱镜时发生不同程度的偏折，形成彩色的光谱带

带。牛顿观察光线经过的路线，比较入射光束和彩色谱线的形状，测量小孔、棱镜和墙壁上光带的位置关系。结果发现，整个入射光束在通过棱镜时都向棱镜较厚的方位偏转了，不过不同的光偏转的程度不同，有不同大小的偏转角。偏转角最小，位于棱镜尖端一边的是红光，偏转角最大，位于棱镜厚的一边的是紫色光。牛顿从这个现象判定，日光中包含着红、橙、黄、绿、蓝、靛、紫等各种色光。也就是说，白光是不单纯的，它可以分解为各种色光。

那么，每一种色光是不是还可以分解为其他色光，即各种色光是不是单纯的呢？为了回答这个问题，牛顿又作了进一步的实验。他用两块开有小孔的木板和两个棱镜，在第一块木板后面放第一个棱镜，将白光分解为各种色光；再通过第二块木板上的小孔，精选出一小束某种色光，让这束色光经过第二个棱镜折射到墙壁上。牛顿发现，经过第二个棱镜后，这束色光虽然发生了更大的偏转，但却不再分解为其他颜色的光。对各种色光一一进行实验后发现通过第二棱镜时，光的偏转角仍然是红光最小，紫光最大。

牛顿得出结论说：一般的光并不是相似的，均匀的或单一的，而是

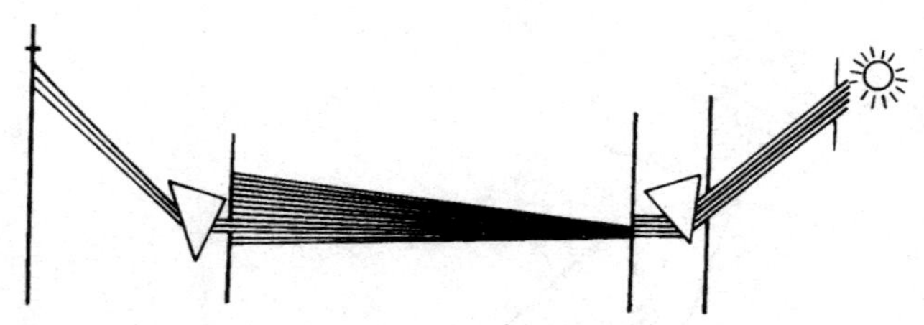

图 4－15　几种颜色的不同折射

由不同颜色的单色光线组成的，其中的一些比另一些更容易被折射。颜色是这些单色光原始的、天然的、固有的性质，而不是棱镜造成的。他还说：每一种颜色的光都有一定的可折射程度，而不同的可折射程度也永远属于不同颜色的光。

现在，人们已完全清楚，每一种颜色的光线都对应一定的波长，具有一定的折射率。在可见光中，红色光的波长最长，折射率最小；紫色光的波长最短，折射率最大。各色光线的这种性质，是本身固有的，不会被物体的反射和折射所改变。然而，使我们感到惊奇的是，牛顿在 300 多年前，竟用那么简单的实验，作出了如此精确的发现。牛顿的巧妙实验和深入分析确实令我们钦佩。

根据实验，牛顿还提出，白光，如照射大地的日光，是组合的，没有一种光线能单独显示出白色。牛顿为这个发现而兴奋异常，认为已经揭示了光色的秘密。在给英国皇家学会的一封信中，牛顿写到："我这个发现是迄今为止大自然作用中最为奇妙的发现。"但是，牛顿的这个发现和当时科学界对光色的认识超出得太远了。各种颜色的光，在性质上反而比白光更简单，白光倒是最复杂的光，这在当时看来是难以理解的。牛顿的观点发表以后，引起了他与同时代的一些著名物理学家之间的激烈争论。这场争论促使许多学者对光色现象进行深入研究。牛顿也设计了一个新的实验，证明白光是光谱中的各种色光复合而形成的。

牛顿的新实验是这样的：让日光通过棱镜折射，分解成各种色光；再让这些分解后的各种色光，全部通过一个凸透镜，使这些光能重新会

聚，再度混合；在透镜后放置一可移动的白色屏，在屏置于某一位置（图中 C_2）处，这些光又重新形成完善的白光；而在这个位置前面（如

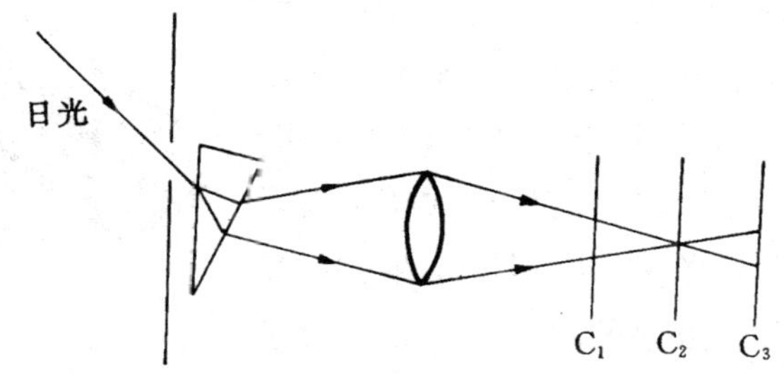

图 4－16　色光复合成白光

C_1）或后面（如 C_3）等处，它们都保持分解开的光谱的各色光。若用障碍物挡掉某一色光，会聚后的混合光就不是那么纯正的白光。进一步，可在色光会聚处放置与第一个棱镜平行的第二个棱镜，它可以中和第一个棱镜和凸透镜的作用，发出一束白光。这束白光如同普通日光，能为第三个棱镜偏折形成光谱。这时若挡掉照在透镜上的某一色光，如绿光，那么，在第三个棱镜形成的光谱中也将失去绿光。这完全证明白光是由各种色光组成的。

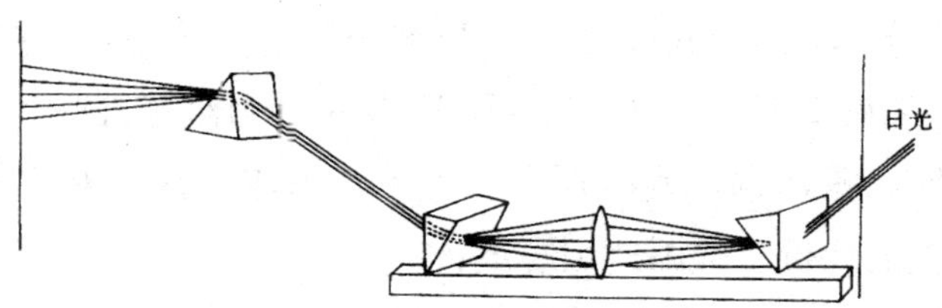

图 4－17　光谱中色光的对应关系

牛顿还用实验考察了物体颜色的成因。他认为物体的颜色是照射到物体上面的各种光线被物体表面按不同比例反射而造成的。

光学研究的成果，使牛顿想到望远镜存在的一个普遍问题。当时，人们用望远镜观察时发现，物体的像总是带有各种色彩而模糊不清。以往，人们认为，这是由于镜片磨制得不够精细所致。色散的研究使牛顿想到，这是由于各种色光通过透镜时，发生了不同的偏折，使像不能会聚于一点，即产生了色差。但是，如果利用光的反射来设计望远镜，就可避免色差，因为反射不会使各种色光分开。1668 年，牛顿制成了第一架反射式望远镜。这架望远镜非常小巧，而且获得了十分清晰的像。后来，牛顿制作了一架更大更好的反射式望远镜送给英国皇家学会。皇家学会展览了牛顿的望远镜，引起了人们浓厚的兴趣，赢得了高度的赞扬，很快牛顿被选为皇家学会会员。这架望远镜现在还保存在皇家学会的图书馆中。

图 4－18　牛顿的小型反射式望远镜

牛顿在光学研究中还取得了一些其他成果。他研究过薄膜的颜色，如肥皂泡上的颜色。他将略为弯曲的凸透镜放在很平的玻璃板上，发现以这两块玻璃的接触点为圆心，会出现一圈一圈的多重同心色圈，这种现象科学上称为“牛顿环”，在近代物理实验上有相当重要的意义。在大量光学研究的基础上，牛顿对光的本性也提出了自己的理论。他的研究成果汇集在他的光学巨著《光学或光的反射、折射、弯曲与颜色的论述》，这部著作出版于 1704 年，又在 1717 年、1721 年和 1730 年分别修订再版。现今的流行本是根据第四版重印的，爱因斯坦为这个流行本作序，对牛顿的光学研究给予了高度的评价。爱因斯坦写道：

“幸运的牛顿，科学的幸福童年时期！凡是有时间和宁静环境的人，在阅读本书时，都会感受到伟大科学家牛顿少年时代所经历的那些奇妙事件。自然界对于牛顿是一本敞开的书，他可以尽情地了解其中的意义。牛顿总结由实验得来的材料所依据的概念，仿佛是从实验本身自然地流露出来的。他装配的仪器像他童年时代的玩具一样精巧，他流畅的文笔描述起丰富多彩的实验过程，阅读起来使人爱不释手。牛顿具有实验家、理论家、机械师和散文家的优点。他的形象在我们面前是那样坚强而高

大。他在创造中获得的快乐，以及对工作的细腻入微都在他描述得精确而详尽的书中和每一幅图里呈现出来。”

“牛顿的时代已经成为历史，他那时代的争论与痛苦已经消逝；但是伟大的思想家与艺术家的工作将永远流传于世，使我们和我们的后代从中得益。牛顿的发现已经作为人类的知识宝库的一部分，永远为人类服务。”

迟到的木卫蚀与光的传播速度

光速的测定曾经是光学发展中的一个重要问题，它涉及人类对光的本性的认识。在17世纪，人们已从实验中总结出了光的折射定律，为了从理论上解释它，一些学者提出，光的本性是像声波和水波一样的波动，而且光在较密的介质中的传播速度较小。也有一些学者认为，光的本性是一些弹性微粒组成的粒子流，要解释折射定律，他们则必须假定光在较密媒质中的传播速度较大。这样在实验上测定光速就成为了判定波动说与粒子说孰是孰非的决定性实验，因而引起了科学家们的广泛注意。

人类在早期一直认为光是以无限大的速度行进的。伽利略第一个提出光速有限的思想，他曾经设计过一个实验，试图测量光速。他让两个

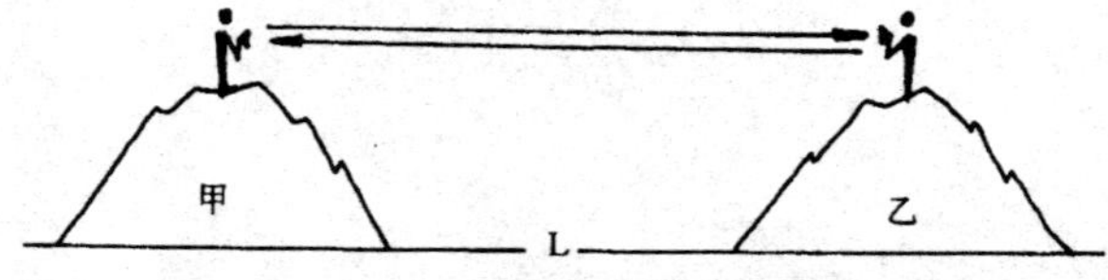

图4－19　伽利略的光速测量实验

人夜间站在两个相距一定距离的山头上，两人分别手持一盏闪光灯。实验时，实验者甲先向乙发出一个闪光信号，乙在接到甲的信号后，回答乙一个闪光信号。测定闪光所走过的路程，即甲乙之间距离的2倍，再测定甲从发出信号到接到乙的信号的时间，即闪光走过往返路程所用时间，就可以用公式：

$$速度=\frac{路程}{时间}$$

求得光速。但在实验中，时间不易测准，伽利略的实验失败了。科学史上，不能以一时的成功与否来论英雄。伽利略没有测得光速，但是他提出了一个重要的科学思想，他认为光速即使是很大的，但也是有限的，这个思想是对传统观点的一个否定。在科学研究中善于怀疑和提出问题是十分有意义的。爱因斯坦认为，提出一个问题往往比解决一个问题更重要，提出问题要有创造性思想，标志着科学的进步，而解决问题，有时只是实验手段和数学技巧问题。两个世纪以后，人类在地面上首次测得光速，实验是以大大改进了形式重复了的伽利略的实验。

光速的测量首先是在天文学上获得成功的。这是因为光速太大了，而宇宙广阔的空间提供了测量光速所需要的足够大的距离。1676 年，丹麦天文学家奥劳斯·雷默（1644～1710 年）向巴黎天文台提出一个神秘的预言：预计当年 11 月 9 日 5 时 25 分 45 秒的木卫蚀将推迟约 10 分钟。带着怀疑和好奇的法国天文学家们对这次木卫星还是进行了认真的观测，雷默的预言果然被证实了。雷默被盛情邀请到巴黎天文台解释他的预言。

雷默在 1672 年到 1676 年的 4 年间曾多次观察木星的最近的一颗卫星，这颗卫星绕木星旋转一周的时间约 42 小时 30 分钟。它每转一周都会进入一次木星的阴影中，这就是木卫蚀。雷默在观测中发现，木卫蚀的周期是有变化的，它有时长，有时短。当地球背向木星，向远离木星的方向运动时，两次木卫蚀之间的间隔变长，反之，当地球迎着木星运行，向接近木星的方向运动时，两次木卫蚀之间的间隔变小。对于这一现象，雷默解释说，这是因为光的传播速度是有限的，当地球远离木星时，木卫蚀传到地球上用的时间就长一些，这正是 1776 年这次木卫蚀的情况。

图 4－20　奥劳斯·雷默（1644～1710 年）

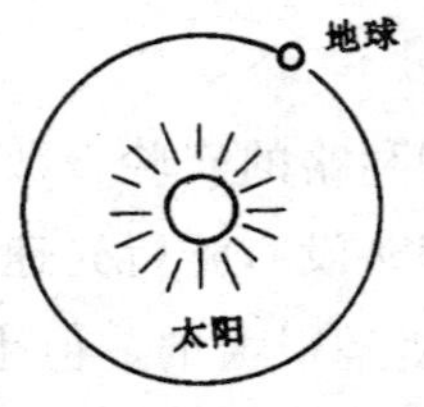

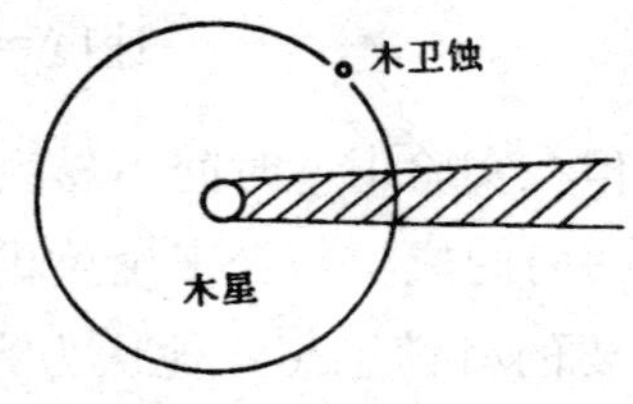

图 4－21　木卫蚀

根据观测数据，雷默推算出，光越过地球轨道半径需要大约 11 分钟。惠更斯由此计算出光速的第一个观测值，210000 千米/秒，它离光速的准确值相差甚远，但它却是测定光速的历史上的第一个纪录。雷默的光速有限思想，遭到了他同时代的许多学者的反对，特别是一些相信笛卡儿学说的人，他们仍然抱着光速无限的观点不放。半个世纪后，新的天文发现支持了雷默。

1728 年，英国天文学家詹姆斯·布莱德雷（1693～1762 年）采用恒星光行差的方法，再一次得出光速是一个有限的物理量。布莱德雷出生于英国。受他的一位舅父的影响，布莱德雷从小喜爱天文学。从牛津大学毕业后，他有很长一段时间和舅父一起从事天文观测工作。他的舅父有一座小小的观测台，是当时英国最有经验的天文学家之一，并且与牛顿和哈雷是朋友，有时还给他们提供天文观察资料。布莱德雷从舅父处学来了应用各种天文观测仪器的技能。他同舅父协作进行的研究，很快为他赢得了声誉，1718 年，他当选为皇家学会会员，1721 年，当选为牛津大学的天文学教授。

图 4－22　詹姆斯·布莱德雷（1693～1762 年）

1725 年，布莱德雷发现一颗恒星在恒星天球上的位置的微小变化。经过长时间大范围的观测，他发现，在一年之内，所有恒星似乎都在天顶上绕着半长轴相等的椭圆运行了一周。现在，这种地球绕太阳运转而从地球上观察到的遥远的恒星的位置的迹化的现象，称为

“光行差”。当观察到这种现象以后，布莱德雷很长时间无法解释。据说，有一天，布莱德雷与人结伴到泰晤士河上乘船游乐。他们所乘的帆船上有一桅杆，桅杆顶端有一个风向标。当时刮着和风，他们沿河来回航行了很长时间。布莱德雷注意到，船每次掉头时，桅杆顶上的风向标都要转动，好像风向改变了。他默默观察了几次，最后，他同船员谈起了这件事，表示对船每次掉头时风向都这么规则改变感到惊奇。船员告诉他，并不是风向变了，而是船改变了方向，从船上看就好像风向改变了。船员还告诉他，任何情况下都是这样的。这次偶然的观察使布莱德雷得出结论：那个使他大惑不解的现象是由于光的运动和地球的运动合成的结果。布莱德雷运用牛顿等人提出的光的粒子说简单地解释了光行差（如图 4—23)：由遥远的恒星 S 传向地球的光微粒类似于垂直下落的雨滴，当我们向前奔跑时，光就好像倾斜地向我们飞来，因此观察从 S 发来的光线的望远镜的管子就必须向前倾斜一个角度 α，所以看起来恒星 S 的位置就好像在 S′方向。由于地球绕太阳以速度 υ 公转，恒星在恒星天球上的视位置 S′就会随时间变化。光行差是第一个证明地球在运动的物理证据。角的正切恰好等于地球公转速度 υ 与光速 C 的比值，布莱德雷由此算得光速为：C＝299930 千米/秒，这一数值已比较接近光速的实际值。

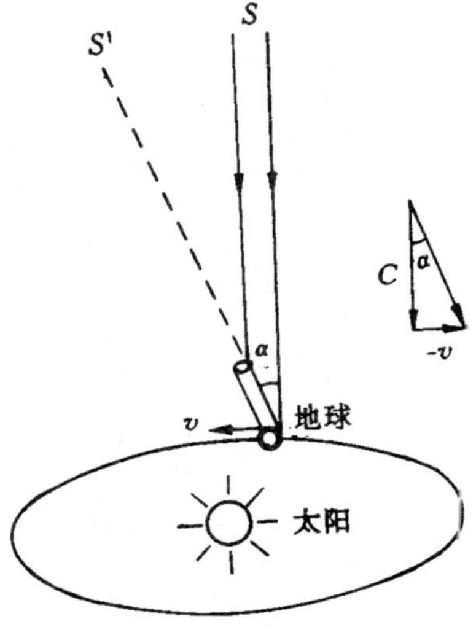

图 4—23　由于观测者以速度 V 向前运动，所以必须将望远镜向前倾斜一个角度 α 才能看到遥远恒星 S 传来的光

17、18 世纪，还只能以天文方法测定光在真空中的速度。直到 19 世纪中叶，光学工业在西欧逐渐发展起来，光学实验水平也有了很大提高，人类才实现了在地面实验中测定光速，并证明光在较密媒质中（如水中）的传播速度比光在较疏媒质（如空气）中的传播速度要小。光速的测定对天文学、电磁学、原子物理学以及现代物理学都具有极为重要的意义。

点燃工业革命的导火线

17世纪，蒸汽技术的改进和广泛应用为工业发展提供了急需的动力，使手工工厂到大机器工厂的飞跃成为可能。这个飞跃被称为工业革命，是资本主义发展史中的一个重要阶段，从这个意义上说，蒸汽技术的改进和广泛应用点燃了工业革命的导火线。

17世纪，随着工厂手工业的发展，煤逐渐代替了木材而成为主要燃料，从而推动了煤矿的开采。为了解决深深的矿井里的排水问题，各个矿山都要养许多马，用马轮番拖动排水泵。当时，英国的一些矿山养马达500匹以上，既麻烦又费钱，于是就刺激了人们利用蒸汽动力的要求。17世纪末，英国矿山工程师托马斯·萨弗里（1650～1715年）设计了蒸汽动力装置，并用于矿井排水。

萨弗里是一位军事工程师，对力学、数学和自然哲学都有浓厚的兴趣。他做过大量实验，热衷于奇妙的机械发明。1698年，萨弗里获得了一项设计的专利权，这就是第一种可实际应用于矿井中抽水的蒸汽机。1699年，他用一个活动模型，在皇家学会作了成功的表演，给观看者留下深刻印象，得到学会的赞许。可见，萨弗里不但懂得如何发明，而且懂得如何使他的发明为人所知，推动新发明的应用。他的蒸汽水泵的工作原理如图4—24所示。蒸汽水泵由蒸汽锅炉、汽缸、冷水箱、抽水管和排水管组成。锅炉中产生的蒸汽进入汽缸产生压力，打开排水管开关，可将水由排水管压出。关闭排水管开关，打开冷水箱开关，冷水使汽缸

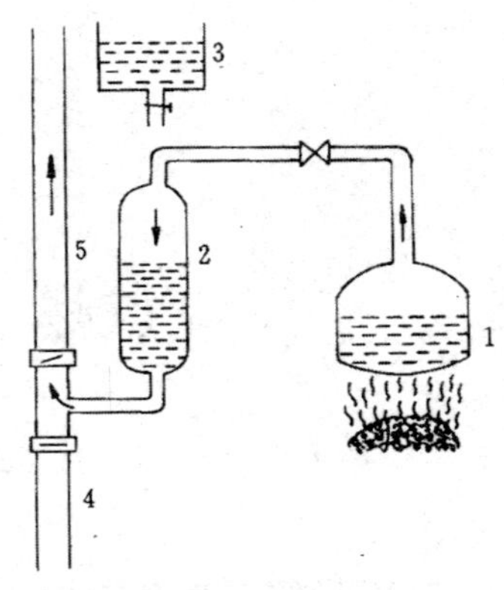

1—蒸汽锅炉　2—汽缸
3—冷水箱　4—抽水管
5—排水管

4－24　萨弗里蒸汽水泵示意图

冷却，汽缸内压力降低，打开抽水管，可将水抽入汽缸。关闭抽水管，打开蒸汽开关，锅炉蒸汽进入汽缸，再次将水排出。循环多次重复，就可将深井里的水抽到高处排出。这个机器所有的开关都是用人力来控制操作的。

萨弗里的蒸汽水泵首先被用来为城镇和私人住宅供水。也有一些矿井采用它，但是为数不多。在很深的矿井里，要把相当多的水提升到一定高度，需要很大的蒸汽压力，锅炉和管道常常漏气，还有发生爆炸的危险。这种机器要安装在很深的矿井中才能工作，一旦发生故障极易被井水淹没。另外，燃料浪费也很严重。这些缺陷，阻碍了萨弗里蒸汽水泵的广泛应用。

18 世纪初，英国的托马斯、纽可门对前人的工作进行了学习和研究。纽可门是个小五金商和铁匠，没有受过什么科学训练，但有一套熟练的制造机器的技术。他熟悉萨弗里等人的工作，决心解决矿井排水问题。他的工作还得到了英国皇家学会的支持和鼓励。大约在 1702 年，他成功地将自己设计的蒸汽机应用于矿井排水和农田灌溉。图4－25 为一台建于 1717 年的纽可门蒸汽机。纽可门蒸汽机的结构如图所示，封闭的圆筒式汽缸里的活塞系于摇杆的一头，摇杆的另一头连接着排水泵。蒸汽推动活塞上升，水泵的连杆下降，切断蒸汽，向汽缸内喷入冷水，蒸汽冷凝，活塞下降，于是摇杆带动水泵抽水。由于这个装置可以通过摇杆将蒸汽动力传给其他工作机，并不只限于抽水，所以它的出现是蒸汽机发展史上的一次重大突破。但是，这种机器仍然有耗煤量大、动作慢、效率低、较笨重等缺点，而且只能作往复直线运动，限制了它的应用。

18 世纪初，英国工业迅速发展，工业中的技术改革，首先从轻工业

中的棉纺织业开始，约50年中，纺纱机和织布机不断改进，工作效率提高了数十倍，出现了大规模的棉织厂。当时的织纱机和织布机都是以水力为动力。用水力作为原动力的机器工厂，只能建在河流沿岸，受到地理条件的限制，而一年中不同季节河水流量的变化，也严重影响着工厂的生产。在工业上有巨大效用的蒸汽机，就是在这种社会需要的推动下，首先在英国实现的。詹姆斯·瓦特（1736～1819年）为蒸汽技术革命作出了杰出贡献。

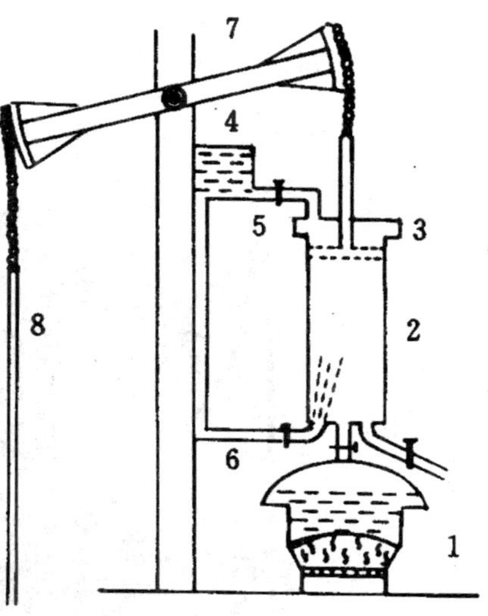

1—锅炉　2—汽缸　3—活塞
4—冷水箱　5、6—喷水管
7—摇杆　8—水泵连杆

图4－25　纽可门蒸汽机示意图

瓦特自幼在父亲的熏陶下培养了器械制造的才能，后来又到伦敦学习制造船器械的工艺。1763年，他应邀修理属于格拉斯哥大学的一台纽可门蒸汽机模型。他成功地使这台模型工作起来，他同时吃惊地发现，这台机器产生的蒸汽量很大，工作汽缸却尺寸很小。瓦特把纽可门机的耗煤情况告诉了格拉斯哥大学教授布莱克，布莱克当时已在热学研究中取得了许多成果，他用他发现的量热学原理对耗煤量过大进行解释。布莱克使瓦特认识到，在纽可门机的工作过程中，汽缸被反复加热和冷却，这造成大量热量的浪费。经过两年多的思考，瓦特找到了解决办法，他在一个单独的容器中冷凝蒸汽，而工作汽缸则始终保持在高温状态。这台实验模型机工作良好，瓦特相信，这种方法值得大规模地实验。

瓦特无力购置材料和工具，也无力雇佣劳力进行大型实验，后来，因生活所迫，他又从事勘测工作和运河规划工作，再也没有精力和时间从事蒸汽机实验。直到1697年，由于布莱克的介绍，他又与人合作，两

图 4－26　纽可门引擎图（1717 年）

年后，制成单向作用的新蒸汽机，它比功率相同的纽可门机省煤 3/4 左右。这一成就，是自觉应用热学理论指导实践的结果，显示了科学理论的作用。

1782 年，瓦特成功地让蒸汽从两面交替地推动活塞，使活塞以更大的动力作往复运动。他还设计了一种齿轮传动机构，把活塞的直线运动，转变为旋转运动，使这种动力机有了广泛应用。1784 年，第一座应用瓦特蒸汽机的纺纱厂建成。从修理纽可门蒸汽机开始，瓦特已为蒸汽技术研究花费了 20 余年。

为了使进入蒸汽机汽缸里的蒸汽保持一定的量，瓦特还发明了一种调节装置。在一根能够旋转的垂直轴上系两个金属球，将垂直轴与蒸汽机输出动力轴相连接。当垂直轴开始旋转时，由于离心作用，金属球就会上升。当进入汽缸里的蒸汽过多时，调节器的垂直轴的旋转就加快，金属球就上升得更高，从而使进汽口部分闭合，进入汽缸里的蒸汽随之

减少。蒸汽压力小了，垂直轴的转速也随之减慢，于是金属球在重力作用下开始下降，阀门又被打开，更多的蒸汽又进入汽缸。这样，汽缸里的进汽量得到调节，使蒸汽机提供稳定的动力，蒸汽机有了不断修正自己错误的头脑。这就是我们现在所说的自动控制。瓦特调速装置的基本原理，今天仍应用于自动控制系统。

混合量热疑难

大量现象表明，热可以从一处向另一处传递，而热传递现象，使人们很自然地产生一种直觉的猜测：在冷热程度不同的物体之间，似乎存在着某种“热流”，它从较热物体向较冷物体传递，从而引起物体冷热状态的变化。在18世纪，对这种“热流”进行定量的测量和计算是热学的一项重要内容，形成了“量热学”这个新的分支。

温度计的发明，使准确地测定物体的冷热程度以及冷热变化的幅度成为可能。但是，当时人们还不理解温度这个物理量的本质，错误地认为，物体的冷热程度理所当然地应该反映出物体所含有的热的多少。就连著名学者也认为，在温度计上显示不同度数的物体，“它们原来的热都各不相同”。这种概念上的混乱，使十分简单的热学问题陷入了重重矛盾。不同温度的液体混合后的平衡温度问题，成为当时著名的科学问题，即混合量热问题。

荷兰莱顿大学的医学和化学教授波尔哈夫（1668～1738年）进行了大量混合量热实验。他认为，一定量的物体温度每升高一度都应该吸收相同数量的热，这个数值同它每降低一度时放出的热必然相等。波尔哈夫和华氏温标的创立者华伦海特一起试图用实验证明这个猜想。他们把40°F的水和等体积的80°F的水相混合，测出混合后的水的温度恰好是平

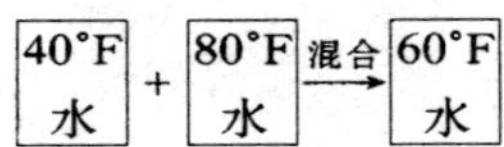

均值 60°F，表明冷水吸收的热和增加的温度，恰恰等于热水所放出的热和降低的温度，这同他们预期的结果完全一致。波尔哈夫由此断言：“物体混合时，热不能创造，也不能消灭”，这是混合量热中热量守恒的思想。

这个实验结果使波尔哈夫确信，同体积的任何物体，在温度相同的情况下都含有同样数量的热；在相同的温度变化下，它们放出或吸收的热也应当一样。但是，当他们用不同温度的水和水银进行混合实验，检验这个推断时，却得到了否定结果。他们将 100°F 的水和等体积 150°F 的

100°F 水	+	150°F 水银	混合→	120°F 水

水银相混合，混合后的温度是 120°F，而不是预期的中间值 125°F。这个结果表明，等体积的水和水银发生相等的热的改变时，温度的变化是不一样的。这个实验事实是波尔哈夫所无法解释的，所以称为“波尔哈夫疑难”，也称为混合量热疑难。

18 世纪初，许多当时著名的学者都被混合量热中所出现的问题所困惑。这一时期，在热学领域中取得真正成就，从而驱散了笼罩着这个领域的迷雾的是英国科学家约瑟夫·布莱克（1728～1799 年）。布莱克是格拉斯哥大学的教授，他在化学和物理学方面都作出过重要发现，还从理论上对瓦特改进蒸汽机的工作给予过指导。但是，布莱克一直没有公布他关于热的重要发现，只是在讲课中介绍他的研究成果。

图 4－27　约瑟夫·布莱克（1728～1799 年）

1757 年前后，布莱克在格拉斯哥大学工作时，开始仔细研究当时的各种有关热的见解。他重复了波尔哈夫等人的实验，并得出结论，不同物质的温度变化与热的变化并没有相同的比例关系，一定量的水冷却一度所释放的热要

比同样重量的水银加热一度吸收的热多些。混合量热疑难产生的原因，在于假定了同体积的两个物体在温度相同时也包含了同样数量的热。他认为，在热学中要区分“热的量”和“热的强度”，也就是我们现在所说的“热量”和“温度”两个物理量。他把各种物体在改变相同温度时的热量变化称为这些物体“接受热的能力”。他把其他物质“接受热的能力”与水的“接受热的能力”进行比较，这导致了“比热”和“热容量”概念的产生。在这个基础上，布莱克建立了正确的混合量热公式。

从温度计出现，到正确区分热量和温度概念，经历了百余年的过程。这说明，在人类认识的发展中，要搞清某个基本概念并不是很容易的；但一经辨别清楚，就会使科学飞速发展。也正是由于布莱克正确区分了热量和温度，很快导致了他的最著名发现——潜热的提出。他发现，当一个固态物体被加热变为液体时，需要大量的热，而这个热不能在温度计上显示出来，也就是说不表现为物体温度的变化。他用实验进一步研究有物态变化时混合后的温度。

布莱克将 32°F 的冰块与相等重量的 172°F 的水相混合。结果发现，

[32°F 冰] + [172°F 水] —混合→ [32°F 水]

混合后的温度不是平均温度 102°F，而是 32°F，只是冰块全部融化为水了。布莱克还举出生活中的实例，说明冰融化需要大量的热。他说：“如果我们留心观察露置于温暖房间空气里的冰雪融化，那么我们很容易发现，不论它们起先多么冷，它们也都会很快被加热到熔点，即其表面很快开始变成水。如果它们完全变成水只需要再加很小量的热，那么，即使冰块很大，也应在不多的几分钟甚至几秒钟之内完全融化掉，因为热在继续不断地从周围空气中传来。若果真如此，那其后果在许多场合将是非常可怕的。因为大量冰雪的融化，将在寒冷国家或发源于这些国家的江河中引起洪水泛滥。如果冰雪融化骤然发生，那么洪水泛滥将更势不可挡，令人恐怖。它们将势如破竹，席卷一切，人类在劫难逃。然而，

这样突发的液化并未发生。冰块和积雪的融化是一个缓慢的过程，需要很长时间。如果它们体积庞大，例如某些地方冬季形成的连绵冰山雪原，那就更是如此。从开始融化起，须有数星期温暖天气，它们才能完全融化为水。”

为了弄清楚水在凝固时是否会放出一定的热量，布莱克又观察了过冷水的凝固现象。当时已经发现，在水不受任何机械扰动的条件下被小心冷却时，水可冷却到凝固点以下 7～8 度，甚至 10 度，而又不凝固，这称为水的过冷现象。布莱克发现：“如果现在用一根结晶形成的纤细的冰针或一块干雪片轻轻地与水接触，则它立即就会变成一根根美丽的冰刺，迅速成形而向四面八方飞散开来，而留在其中的温度计的读数慢慢地上升到 32°F。”布莱克指出，这个实验表明，水在凝固时确实放出了热量，进一步的大量实验使布莱克发现，各种物质在发生物态变化时都有这种效应。

布莱克由此引入潜热概念，他认为热有时可以被感知，表现为物体温度的变化；有时“潜藏”起来，不再显示引起物体温度升高的热效应。这样，“热量守恒”的观念进一步得到证明。当然，按照现代的观点，并不存在什么“潜热”，而是在相变过程中发生了能量形式的转变，也就是说热能转变为物质粒子之间的势能了。

“抓住闪电的人”——富兰克林

雷电现象是自然界一种神秘而可怕的现象，自古以来，许多民族都有解释这种现象的神话，有些甚至流传至今。18 世纪，有些人认为雷电是“毒气爆炸”，更多的人认为它是“上帝之火”，是上帝发怒的表现。1752 年，美国科学家本杰明·富兰克林（1706～1790 年）成功地将雷电引入实验室，并用实验证明雷电和摩擦产生的电是相同的。实验轰动了全世界，它使人类得以从对雷电的恐怖中解脱出来。富兰克林也因此被誉为“抓住闪电的人”。

富兰克林是美国第一位伟大的科学家，也是一位实业家、外交家和美国独立革命的领导人之一。富兰克林出生在波士顿的一个贫穷的小商人家庭。他的父亲出生于英国铁匠家庭，为了宗教自由而迁居新英格兰，经营蜡烛制造以维持家中众多人口的生活。富兰克林是家中 17 个孩子中的第 15 个。他 8 岁入学，读书颖悟，一年中从中等生升为全班的优等生，接着升入二年级，打算年终随班升入三年级。父亲由于家庭人口众多，负担不起大学求学费用，同时也看到许多受过大学教育的人穷困潦倒，便让他转入写算学校，以便日后谋生。10 岁辍学，在家帮助父亲做蜡烛和干杂活。小富兰克林对剪烛芯、灌烛模、管店铺等毫无兴趣，他渴望去航海。父亲常带他去观看木匠、砖匠、旋工、铜匠等工作，以便观察他的志趣，力图把他的志趣固定在陆地的某种行业上。富兰克林后来回忆说：“从那时起，我一直爱留心观察手艺高明的工人运用他们的工

具。这种细心观察对我一直很有用，由于从观察中我学到了很多东西，所以当一时找不到工人的时候，我自己能够做我们家里的修理工作；当做实验的兴致在我心里很新鲜强烈的时候，我能替我自己的实验制造小小的仪器。”12 岁时，父亲决定把他送到他哥哥的印刷所当学徒。富兰克林很快就熟悉了印刷工作，成为哥哥的得力帮手。这个工作使他有机会阅读到很多书。

图 4－28　本杰明·富兰克林（1706～1790 年）

富兰克林从小酷爱读书，一直把全部零用钱都花在书上，父亲的图书收藏早已不能满足他的愿望。富兰克林在自传中写道，在哥哥的印刷所工作阶段，“我有机会阅读到较好的书籍了。我跟一些书铺的学徒们打交道，这种相识使我能从他们那里借到一本小书，但是我很小心，很快地交还给他们，并且保持书本的整洁。有时候在晚间借到一本书，为了怕被人发现缺书或是怕有人要买这本书，第二天一清早即须归还，因此我常常坐在房间阅读到深夜”。“大概在我 16 岁左右的时候，我偶然看到一个叫屈里昂的写的一本宣传素食的书，我就决心实行素食。我哥哥因为尚未结婚，无人主持家务，他和他的学徒们就在另外一家人家包饭。我不吃荤食，引起了麻烦，因此他们因我的怪癖而责备我。我学会了一些屈里昂烹调他自己的食品如煮山芋、煮饭、做快速布丁等的方法，然后向我哥哥提出：假如他愿意把我每周的伙食费的半数给我，我愿意自理伙食，他立刻同意了。不久我就发现我可以从我哥哥给我的伙食费中撙节半数，这就又是一笔买书的钱了。而且这样做还有另外一个便利。当我哥哥和其余的人离开印刷所去吃饭的时候，我独自一人留在所中，我不久就草草地吃完了我的轻便点心。我吃的常常只是一块饼子或是一片面包，一把葡萄干或是从面包铺买来的一块果馅饼和一杯清水。在他们回来以前的这一段时间里我就可以读书了。由于饮食节制常常能使人头脑清醒思想敏捷，因此我的进度比以前更快了。”就这样，富兰克林以普通工人 1/4 的伙食费，维持最简朴的生活，但是在业余学习中却取得了很好的效果。他靠自学通晓了法语、意大利语、西班牙语和拉丁语，大量阅读欧洲各国历史、哲学等方面的著作。他读到精彩的文章还努力模仿作者的写作风格。学徒期间，他匿名给哥哥办的报纸投稿，得到哥哥和当地一些常给报纸投稿的一些作者的好评而被报纸采用。

17 岁，富兰克林离开了哥哥的印刷所，先后到费城和伦敦当了几年印刷工人。后来在费城从事印刷事业，刊行历书，出版杂志，创办报纸。实业上的成功并没有改变富兰克林读书的爱好。19 岁时，富兰克林召集几个爱读书的青年朋友，组织了一个叫“共读社”的俱乐部，平时分散学习，每逢星期五就在一起交流读书心得，探讨共同感兴趣的问题。当时买书很难，他建议“共读社”的成员把自己的藏书拿出来，成立了一个小图书馆，使每人能够读到更多的书。1731 年，富兰克林在费城创立了北美第一个公共图书馆，他把自己的业余时间都献给了它。他说：“图书馆为我提供了学习的好机会，使我能够不断地得到提高，我每天坚持学习一两个小时，这在某种程度上弥补了父亲让我早年辍学所造成的损失。”

1746 年，富兰克林在波士顿的街头上看到欧洲人表演电学实验，感到极为新鲜，又惊又喜。此时，他已是一位社会名流，印刷业取得很大成功，并已年近 40 岁，但仍像年轻人一样，挤近表演者，仔细观察所用的仪器，并不时提出一些问题。很快，他从一位英国朋友处得到一根玻璃管和用以做实验的说明书。他顾不上繁忙的工作，全身心投入电学研究。他说：“我以前在任何研究上，从未像现在这样全神贯注过。”以至几个月来，“没有余暇顾及其他任何事情”。不久，他就取得了成绩，以

后几年的努力，使他在有些方面超过了欧洲的同行。

在开始做电学实验不久，根据所观察到的现象，富兰克林认为闪电和电火花是同一种东西，它是带电的云的大量放电所致，他对两者进行详细比较，列出相同性：1. 发光；2. 光的颜色；3. 弯曲的方向；4. 迅速的运动；5. 能被金属传导；6. 爆发时的吼声和噪声；7. 在水或冰里存在；8. 使经过的物体破裂；9. 毁灭动物；10. 熔化金属；11. 使易燃物着火；12. 硫磺的气味。尽管有些相同之处，还不足以证明它们是一种东西；要证明它们是同一种东西，必须做实验。

1750 年，富兰克林提出用所谓“岗亭”实验方法来证明云层中的电和摩擦电的同一性。他所说的岗亭，是建立在高塔或房屋尖顶上的方形木楼。这种岗亭要做得刚好能容纳一个操作者和一个绝缘支架那样大。固定在绝缘支架上的铁杆，从岗亭的顶端穿出，笔直伸向天空，高出岗亭 10 米左右。他建议操作者站在绝缘木板上，密切注视天空，当乌云掠过上空时，就手持绝缘环，将一根接地导线拿近铁杆，使它的尖端对着铁杆，但留出点空隙。他断言，在导线和铁杆之间将有电火花出现。

图 4－29　富兰克林设想的“岗亭”实验

1752 年 5 月 10 日，法国科学家达里巴尔第一个实现了富兰克林建议的“岗亭”实验，成功地把云层中的电引入莱顿瓶，并观察到伴有火花。8 天以后，巴黎大学竖起了高 30 多米的铁杆，成功地进行了“岗亭”实验，并表演给法国国王看。听到法国同行的成功，富兰克林非常高兴。但是他仍不满足，他觉得法国科学家实验用的铁杆不够高，离云层还差很远；火花只能表明铁杆带电，并不能证明这电是从闪电来的。经过思考，他想到用风筝把雷雨云中的闪电直接引来做实验。

富兰克林用丝手帕做成风筝，在风筝上安装有尖端的导线；放风筝的线是普通双股线，线的下端系一条丝带和一把钥匙。丝带是为了绝缘用，放风筝时人要站在遮盖物下面，避免丝带被淋湿，也不要使双股线与门框或窗架接触，以免电通过人体造成伤害；钥匙是导体，以备引出电来。1752年6月15日，富兰克林带着自制的风筝和莱顿瓶，同他21岁的儿子一起来到费城广场，做了一个非常危险的历史性实验。黑云滚滚飞过低空，电闪雷鸣，大雨滂沱，他们把风筝放入闪电的云层中，而他们自己躲在一个小棚子里，观察动静。一道闪电来时，他们看到，线上蓬松的小纤维都伸张开来；他把指关节靠近钥匙，立即出现火花。他成功地通过钥匙使莱顿瓶充电，又用这样得来的电点燃酒精，并做了用摩擦电所做的所有其他实验，证明了雷电与摩擦电的同一性。这就是著名的富兰克林风筝实验，它彻底揭开了雷电神秘的面纱，显示了它的本质，是人类认识自然史上一个划时代的进展。

富兰克林电学研究的另一成果是发明避雷针。他在实验中注意到“尖端物体在排除电火和放出电火两方面的奇妙效应”，他观察到，在黑暗中，尖端上的火就像萤火虫那样。很快他意识到尖端放电的重要性，提出了避雷针的设想。他建议在高大建筑物的最高部分竖一个上有尖端的铁杆，加镀防锈层，铁杆下端连着一根导线，沿建筑物外面捅到地下，这些尖端可以在云走到足够近发生雷击之前，从云里悄悄取走电火使之流入地下，从而避免雷击造成突然而可怕的伤害。

1760年，富兰克林在费城一座大楼上竖起了一根避雷针，到1782年，费城约有400根避雷针。在英国和欧洲大陆特别是法国国土上，安装避雷针的事情也蔚然成风。起初一些神学家反对竖立避雷针。论据是，雷和闪电是神愤怒的表示，干扰它们的破坏力是不敬的。然而，最终他们也怕遭到神愤怒的惩罚，先后在教堂顶端安装了避雷针。避雷针的发明是电学研究第一次找到了实际应用。

从富兰克林的科学研究中，我们看到他有着科学家的许多品质，它们包括：强烈的好奇心，广泛的兴趣，机械制造方面的技巧，不达目的誓不罢休的精神。他并非简单重复他人工作，也不为哗众取宠的一时热闹，而是继续深入地探索，勇敢而又谨慎地进行实验。他还具有将科学研究成果服务于人类的抱负。

富兰克林成名后，在北美殖民地的文化传播和社会福利方面做了大量工作，逐渐成为北美殖民地中有影响的人物。美国独立战争期间，他参加反英斗争，当选第二届大陆会议代表，参加起草《独立宣言》，后又出使法国，赢得法国对美国的支持，为美国独立战争作出了卓越贡献。1790年，富兰克林在费城逝世，遵照遗嘱，在他的墓碑上只写着："印刷工富兰克林"。

电气魔术师

除雷电外，虽然人类早在古希腊和中国古代就发现了摩擦起电现象，但是经过1000多年的漫长岁月，到17世纪初，人类对电的认识也还只限于一些物体经摩擦后能吸引纸屑、草芥等轻小物体。自从电机发明后，使科学家们获知了更为强烈和丰富多彩的电现象。一大批杰出的学者被吸引到这个新领域中进行探索，起电机迅速得以改进，演示电的实验不仅吸引了学者，也吸引了王公贵族和普通大众。这些学者们用简单的仪器装置，演示出给人强烈印象的电现象，人们称他们为“电气魔术师”。

1742年，苏格兰的电气魔术师A. 戈登（1712～1757年）制成了一台玻璃圆柱的摩擦起电机，用手转动摇柄时，直径10余厘米的圆柱的转速能达到每分钟680圈。摩擦产生的大量电荷可使他演示出强烈的电火花，让人吃惊的是，他用电火花能杀死一只小鸟。以后，又出现用脚踏代替手摇的起电机，并用安装在弹簧上的皮革垫子代替手掌摩擦玻璃球产生电荷。

约1707年，英国天文学家斯蒂芬·格雷（1670～1736年）进入电学研究领域。格雷出生于一个手工艺家庭，他精于工艺制造。格雷曾进行过10余年的天文观测工作，以其细心而可靠的观测而著名。1707年，剑桥大学准备建造一座新天文台，格雷为此被邀请到剑桥。在这座世界著名学府，年近40的格雷对新奇的电学实验产生了浓厚兴趣。格雷多次观看、模仿，广泛收集学习前人的发现和理论，经20余年的努力，发现了

大量重要现象，成为当时著名的“电气魔术师”。

1729年，格雷做摩擦起电实验，用的是长约1米、粗约3厘米的玻璃管，为了避免灰尘进去，管的两端用软木塞堵住。摩擦过玻璃管后，他看到软木塞也能吸引羽毛和箔屑等。他立刻意识到“吸引效力从被激发的玻璃管传递给软木塞了”。这样格雷发现了电的传导。他接着研究吸引效力究竟能传到多远。他随手找了一根小木棍，把它的一端插入软木塞，棍的另一端有一个象牙球，当玻璃管受到摩擦时，象牙球能吸引黄铜箔。接着格雷做了一系列实验，他发现吸引效应能沿金属线、麻线传递。当用钓鱼竿实验时，吸引力能从钓鱼竿的一端传到另一端；再把其他杆子接到钓鱼竿上试验，也成功地使吸引效应传到了杆端。为了进一步增大实验的规模，格雷将实验从实验室搬到朋友家宽敞的庭院，又移进一座建筑物20多米长的走廊，一次次的成功鼓励他和朋友们继续尝试增大距离。最后，他们成功地使电沿丝制打包绳传播了约200米。通过实验，格雷发现在电性质上物体可分为两类：第一类可以通过摩擦方法使其带电；第二类不能通过摩擦方法带电而只能用与带电物体接触的办法使它带电，这就是我们现在说的绝缘体与导体。

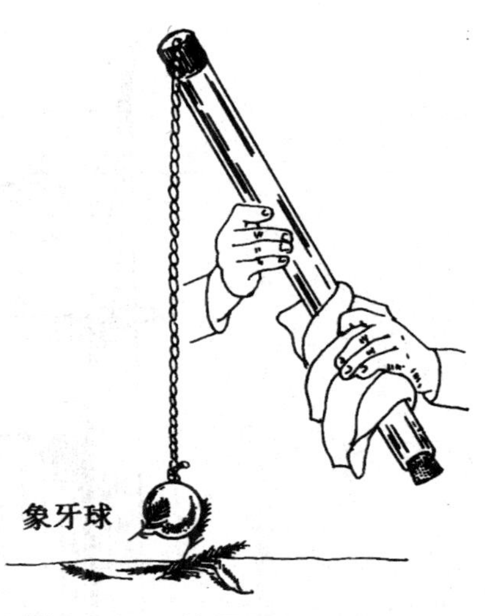

图4－30　格雷用实验证明电能够传导

1730年，格雷用丝绳把一个孩子吊起来，用摩擦后的玻璃管接触孩子的脚时，孩子的脸便能吸引黄铜箔。后来，他让孩子站在树脂板上，也成功地使他带电。这不仅发明了绝缘台，而且证明人体也是导电的。

受格雷成就的鼓舞，法国皇家植物园园长杜菲（1698～1739年）也做了许多实验，并发现把电传给绝缘的导体时，会出现火花。杜菲勇敢

图 4－31　格雷发现了电的传导

图 4－32　小孩带电实验

地以自己的身体来做带电实验，让助手把自己用绝缘丝绳悬吊在天花板上，使自己的身上带电。当助手靠近他时，杜菲突然感到针刺般的电击，并产生噼噼啪啪的声响。晚上重复这个实验时还发现放电过程中有突然闪现的火花。

在一次实验中，杜菲偶然发现，一片金箔被摩擦过的玻璃管排斥而浮在空气中，但这片金箔反而被一块摩擦后的硬树脂吸引。经过许多次重复并改用其他材料进行实验后，杜菲认为电有两种，他把这两种电称为玻璃电和树脂电。实验还说明，具有相同电性的物体相互排斥，具有不同电性的物体相互吸引。

1746年，荷兰莱顿大学的"电气魔术师"穆森布罗克（1692～1761年）又有了惊人的发现。穆森布罗克生于莱顿市的一个科学仪器制造者之家，入莱顿大学并获得博士学位。1739年任莱顿大学教授，直到去世。他一生致力于把牛顿力学和实验物理学引入荷兰，他的著作被译成英、德、法等文字，他的物理实验书中的许多实验成为基础物理课的经典实验。

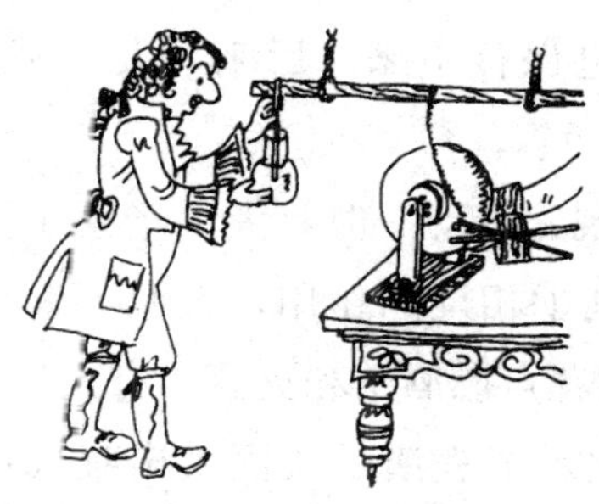

图4－33　莱顿瓶实验

图4－34　莱顿瓶

穆森布罗克鉴于电体所带的电很容易在空气中消失，想寻找一种保存电的方法。为此，他试图使玻璃瓶中的水带电，有一次在实验中受到强烈的电击。他用一支枪管悬挂在空中，用起电机与枪管连接，另用一根铜线从枪管中引出，浸入一个盛有水的玻璃瓶中。他让一个助手一只手握住玻璃瓶，自己在一旁使劲摇动起电机。这时他的助手不小心将另一只手触到枪管上，一阵强烈的电击，助手喊了起来。穆森布罗克与助手互换，又作了同样的实验。在一封给友人的信中，他描述了这次实验："我希望告诉你一个新奇但可怕的实验，但我警告你无论如何也不要再重复这个实验。我在从事一项研究来决定电的强度。……把容器放在右手上，我试图用左手从枪管上引出火花。突然我的手受到了一下力量很大的打击，使我的全身都震动了……手臂和身体产生了一种无法形容的恐怖感觉。一句话我认为我命休矣。"穆森布罗克由此得出结论，把带电体放在玻璃瓶内可以把电保存下来。后来，人们把这种蓄电的瓶子称为"莱顿瓶"。

"电震"现象的发现，轰动一时，大大增强了人们对莱顿瓶的关注。穆森布罗克的警告起到了相反的作用，人们更大规模地重复这种实验。人们用莱顿瓶放电的火花点燃酒精和火药，有人用它作杀死老鼠的表演。其中规模最壮观的一次示范表演是法国人诺莱（1700～1770 年）所做。他首先重复了穆森布罗克的实验，并作了一些改进，使放电更为强烈。在巴黎圣母院前的广场上，诺莱邀请了法国国王路易十五和他的皇室成员前来观看。他调来 700 个修道士，他们手拉手站成一排，让莱顿瓶通过他们放电，一瞬间他们因受电击几乎同时跳了起来，在场的人无不为之目瞪口呆。

莱顿瓶的出现引起了当时欧洲科学家的极大兴趣，许多人纷纷研究这种能储存电的瓶子，影响甚至波及美国。有人建议用锡箔或铅箔从内外两面把莱顿瓶围起来，使它具有了现在我们在一般的物理实验室中所能见到的形式。今天，我们知道莱顿瓶实质上是一个大电容器，瓶子内

图 4－35 巴黎圣母院前的表演

外的导体构成了电容器的两极。很快人们就发现，瓶子越薄，它能产生的电击越强，也就是说，它能储存的电越多，瓶子内外导体的面积越大，储存的电也越多，实际上这就是在实验中发现了电容器的规律。

“电气魔术师”们所表演的电传导、电排斥，以及用莱顿瓶产生的强烈电击和火花实验，广泛地吸引了人们的兴趣。人们喜欢观看这种新奇的现象，乐于亲身体验一下电击的滋味，所以，在当时的欧洲，时兴表演电学实验，不仅在实验室、集会厅表演，而且还在街头表演，有些人竟以此为业，带着摩擦起电机和莱顿瓶及一些简单器具，到处表演，有的欧洲人还把这种表演搬到美洲街头。这一切大大促进了电学研究和电学知识的普及。

库仑定律的发现

库仑定律是电学中发现的第一个定量规律。它是由法国工程师、物理学家查理·奥古斯丁·库仑（1736～1806年）首先发现的。

1736年，库仑出生于法国的昂古莱姆城，祖上几代都是地方官员。青少年时期，库仑受到了良好的学校教育。后来，他随父亲到巴黎，先后就读于马扎兰学院和法兰西学院。1760年，库仑考入梅齐埃尔工兵学校，这是一所新型技术学校，在教学中对理论知识和应用知识都十分重视。在这里，库仑打下了良好的自然科学基础，接受了军事工程师的全部培养。从1764年到1781年间，他一直在军队中服务，曾在法国的殖民地西印度群岛的马提尼克等地工作了9年，负责军事要塞的建筑工作，还曾在皇家军事工程队中任工程师。在多年的军事建筑工作中，库仑接触和解决了许多实际问题，积累了大量研究材料，根据这些材料，库仑深入研究了许多力学基本问题。在对材料强度问题的研究中，他提出测算应力应变分布的方法，这种方法成为结构工程的理论基础。1776年，他因病离开西印度群岛回到法国，定居巴黎。1781年，他当选为法国科学院院士。

库仑的电学研究，与改进航海用指南针的工作联系在一起。1773年，法国科学院宣布有奖征文，题目是："什么是制造磁针的最佳方法"，定于1775年择优颁奖，其目的在于鼓励设计一种指向力强，抗干扰性能好的指南针，用来代替当时航海中使用的轴托式指南针。当时，航海实践

证明，轴托指南针性能差，海船的颠簸和极光的发生等，都对它产生显著的影响。两年过去了，无人递交论文应征参赛，科学院重征这一课题。1777 年，库仑应征，并与人分获头奖。

图 4－36　查理·奥古斯丁·库仑（1736～1806 年）

库仑在论文中提出一种丝悬指南针。在研究这种丝悬指南针的过程中，库仑发现，悬线的扭力能够给物理学家提供一种精确测量极小的力的方法。后来，他对扭力进行了长期定量的研究，工作一直持续到 1784 年，他得到了悬丝的扭力公式：

$$M=\frac{\mu D^4 Ⓗ}{I}$$

式中 M 表示扭力力矩，D 和 I 分别表示悬丝直径和长度，Ⓗ为悬丝扭角，μ 为悬丝弹性系数。这个公式表明，悬丝扭角与作用在悬丝上的扭力力矩成正比。如果悬丝非常精丝，即直径很小，一个微小的作用力就能使悬丝产生明显的扭转；测量扭转角的大小，就可测量出所受的外力。根据这个原理，可以制成精密的扭力秤，来测量外力。

1785 年，库仑根据上述原理，自制了一台精巧的扭秤，并用它成功地测量了电荷之间的作用力。他证明牛顿的平方反比定律在电和磁的作用中也适用，并证明电相互作用跟电量的乘积成正比，这就是著名的库仑定律。

库仑的扭秤如图 4－37 所示，一个直径和高均为 12 英寸的玻璃圆筒，筒上盖一块玻璃板，盖板上有两个孔，其中一个孔开在中心，安有一根高 24 英寸的玻璃管，管中穿过一根银质悬丝，悬丝下挂一横杆，杆的两端分别是木质小球和配重物体，悬丝的上端固结在测量探头上。玻璃圆筒的圆周刻有 360 个刻度。悬线自由放松时，横杆上的小木球指零点。他在另一根杆的下端固定一带电小球，然后把它插入盖板旁边的孔中，使带电小球和木质球相接触后再分开，这样两个小球均带同种等量的电荷，因此互相排斥。在库仑的实验中，当小球间的角距离为36°，18°，9°时，悬丝相应转了36°，144°和575°，也就是说，力的增长与距离的平方成反比。

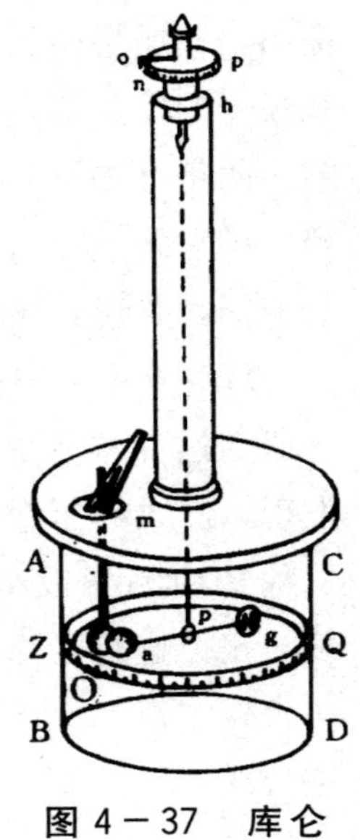

图4－37　库仑扭称实验装置

为了得到电量与电相互作用力之间的关系，库仑巧妙地运用了对称法。在当时还没有电量的单位，也无法测量电量的大小。库仑准备了多个完全相同的金属球，让其中一个带电，然后让它与另一个接触。因为两个小球完全相同，电荷应“对称”地在它们之间分布，即各自获得$\frac{1}{2}$。与第三个球重复这一过程，可传到第一个小球电量的$\frac{1}{4}$。经过实验，库仑证明，电力还与电量的乘积成正比。

库仑还测量了两个带异号电荷的小球之间的吸引力，也得到了同样的结论。1785年到1789年，库仑连续发表了7篇电磁学方面的论文，他还研究了磁体之间的相互作用力，证明它与电相互作用力遵从同样的规律。库仑以自己一系列的研究成果，丰富了电磁学的理论与计量方法，把牛顿的力学原理扩展到电磁学领域。扭秤在精密测量仪器和物理学的其他方法都很有成效。

库仑从事科学研究的时代，正是法国科学迅速发展，成为世界科学活动中心的时期。当时在巴黎云集了许多著名的科学家，库仑具有当时有成果的学者的典型特点。他们一般都接受了一种新型教育。不同于旧学校，新建的技术学校，以培养工程师为目标，在新学校中，重视应用知识，也重视基础理论，尤其是数学教育。当时许多著名的法国学者，兼有科学家和工程师的素质。他们善于解决具体的应用技术问题，又能

从广泛的具体研究中，运用数学理论，总结出普遍的科学规律。因而，在这个时期，法国的科学和技术都得到了发展。在 19 世纪初，在电磁学理论的研究和热机理论的研究中，法国学者们的这一特点更为明显地显示出来，也带来了更为丰硕的成果。

除了科学工作，库仑还从事社会活动，曾在教育部担任要职，也任过水利资源部总监。他为人耿直，品质高尚。托马斯扬称赞他的道德品质同他的科学研究一样出色。

青蛙腿的启示

18世纪80年代，意大利博洛尼亚有一位著名的解剖学教授路易乔·伽伐尼（1737～1799年），他对电学实验十分感兴趣。1780年初的一天，伽伐尼和他的助手正在做解剖青蛙的实验，一种新的电学现象吸引了他全部的注意力。在解剖一只青蛙准备把它做成标本时，伽伐尼的一个助手用解剖刀尖轻轻接触到这只青蛙后腿的神经，青蛙腿上的所有肌肉突然收缩，好像发生了兴奋的痉挛一样。这位助手惊讶的叫声引起了伽伐尼的注意，另一位助手告诉伽伐尼，在蛙腿抽搐时，放在桌子上不远处的起电机的导体上发出了一个火花。

伽伐尼教授立刻和助手们一起重复这个实验。伽伐尼拿起解剖刀，并把刀尖靠近青蛙后腿的这一支或那一支，而在同时，一个助手则摇动起电机，并从上面引出火花。完全相同的现象出现了，在火花出现的时刻，蛙腿上的每块肌肉都发生了强烈收缩。

为了揭示这一新奇现象的本质，伽伐尼设计了一系列实验，进行了深入研究。

首先，他在没有电火花的情况下用刀尖接触蛙腿神经，发现蛙腿不收缩；再用起电机产生火花，而不用刀接触蛙腿神经，发现蛙腿也不收缩。经过实验，他得出结论：只有刀接触蛙腿神经和起电机产生火花两者同时发生，蛙腿才发生收缩。

接着，他改用大小不同的解剖刀和起电机，所得结果都和以前一样。

在用一把骨柄解剖刀做实验时，他发现，如果手握骨柄，用刀尖接触解剖好的蛙腿神经，即使在旁边有电火花助力，青蛙也不会抽搐；但这时若用手指触刀片，青蛙立即痉挛起来。这表明新现象与金属有关。然而，起初伽伐尼并没有注意到这一点。

图 4－38　伽伐尼（1737～1799 年）

伽伐尼从这些实验中得知，蛙腿收缩与电火花有关。伽伐尼早已从他的老师那里了解了富兰克林的风筝实验，他相信雷电和摩擦产生的电是相同的。他想，既然摩擦起电的火花能使蛙腿收缩，那雷电或云层中的电也应当能产生同样的效应。因此，他就做这方面的实验。在有雷电的时候，伽伐尼解剖了一些青蛙，用黄铜钩子钩住它们的脊椎，挂在房外花园的铁栏杆上。他观察到，在闪电出现的时刻，青蛙发生了痉挛；后来他又观察到，甚至在天气晴朗时，也有痉挛发生。伽伐尼认为，蛙腿的痉挛是大气电的作用。

伽伐尼把青蛙取下来，放到屋内的铁板上，当铜钩子碰到铁板时，青蛙又痉挛起来。这时既无电火花助力，也不受雷电、云层的影响，到底是什么原因引起了蛙腿的痉挛呢？为了排除大气电影响，伽伐尼找了一间密闭的房间进一步进行实验。他发现，铜钩上的青蛙放在玻璃板或树脂板上时，就不发生痉挛，这样金属在这一新现象中的作用更加突出了。于是，伽伐尼把金属弯成弓状，用弓的一端接触钩住青蛙脊椎的铜钩，另一端接触蛙腿的肌肉，蛙腿发生剧烈的收缩。用各种不同的金属做的弓试验，发现蛙腿收缩的程度与钩子和弓的金属有关，不同的金属，青蛙痉挛的程度不同。他还用绝缘体做成的弓作试验，这时青蛙便不发生痉挛。

伽伐尼对于他所发现的蛙腿收缩的现象，做了近 10 年的多方面研究，直到1791年才全面总结了他的实验工作，并提出理论解释。伽伐尼的实验可以说已经抓住了新现象的要害，即电流是由两种不同的金属夹以某种湿组织产生的。然而，他没有产生这种认识，相反，他认为，动物体内存在一种微妙的流体，他称为“动物电”，肌肉的结构能够保持这种电。他把肌肉比作莱顿瓶。对于充了电的莱顿瓶，用金属弓的两端分别接触它的两极板，可以使它放电，旁边的起电机产生的火花也可以使它放电。同样，金属弓的两端分别接触蛙腿的神经和肌肉，或旁边的起电机产生的火花，都可以使肌肉放电，放电时肌肉纤维因受刺激而发生剧烈收缩。

伽伐尼的论文发表以后，立即引起了学术界的极大兴趣，欧洲各国的许多科学家纷纷投入这一新现象的研究，一些国家还成立了伽伐尼电学会。在18世纪末叶，掀起了一场研究伽伐尼电的热潮。伽伐尼的发现，即电流的发现在电磁学发展史上具有划时代的意义，它标志着人类对电现象的研究从静电进入到动电领域。

伽伐尼一生为人正直，乐善好施，他的工资大都用于购置实验仪器，他是一位很好的教师。伽伐尼是一位爱国主义者，1799年，拿破仑在意大利北部成立南阿尔卑斯共和国，他的政府要求波罗尼亚大学的每位教授都要宣誓效忠于他，伽伐尼拒绝这样做，结果被革去在大学和科学院的一切职务。为了纪念伽伐尼，1820年在安培的提议下，用伽伐尼的名字命名了检测电流的仪器（汉译为电流计），这个名称一直沿用至今。

“动物电”与“金属电”

伽伐尼有关“动物电”的论文发表后，惊动了当时欧洲的学术界，在进入这一新领域的众多研究者中，意大利的学者亚历山德罗·伏打（1745～1827年）以其深厚的电学研究基础和敏锐的物理学眼光，首先揭示了这一现象的真实本质，并由此制成了后人称为电池的“伏打电堆”。

伏打出生于意大利北部的科莫，父亲原是一个贵族，在伏打出生时已耗尽了世袭的财产而非常贫困。伏打在教会的资助下，才能够进入学校学习。伏打7岁才开始会说话，以后却显得非常聪明，20岁以前，他已学会了法、英、德、拉丁等语言，还会一些荷兰和西班牙语。在学校读书时，伏打接触到一些自然科学的实验和理论知识，对自然科学产生了浓厚的兴趣。中学毕业后，伏打进入家乡的皇家大学攻读自然科学。在学生时代伏打就发表了有关电现象的一篇论文。1774年，伏打被聘为科莫大学预科的物理教授，他一面从事物理讲座，一面进行科学研究。由于当时得不到一般的仪器，伏打只得自己动手制作实验仪器。他发明了许多仪器，其中重要的有起电盘和一种灵敏验电器。

1776年，伏打发现甲烷，为此他赢得了州政府的资助，可以到瑞士和法国等地的一些文化中心去作学术访问。利用这个机会，伏打访问了一些著名学者，与他们进行了深入的学术交流，了解了当时的最新学术成果，这对他产生了深远的影响。在18世纪，学术旅行访问是一种十分重要的学术交流形式，以后，伏打与许多杰出学者进行过私人接触。

1779年，伏打受聘于帕维亚大学实验物理学教授，学校专门为他建了实验室，添置了仪器设备，其中一些是他在政府资助下从英国和德国买来的。1782年，根据自己的实验结果，伏打在英国皇家学会的刊物上发表了他的电学论文，总结出关于电容的公式。1782年，他成为法国科学学会的成员，1791年，被选为皇家学会成员，成为欧洲著名学者。

图4－39　亚历山德罗·伏打（1745～1827年）

伏打得知伽伐尼的发现后，给予极高的评价，并立即重复伽伐尼的实验，开始还公开表示赞同伽伐尼动物电的观点。后来，通过进一步的实验研究，他对这种观点产生了怀疑。伏打把两段不同的金属接起来弯成弓形，制成所谓双金属弓，并用活青蛙做实验。他发现，当用弓的一端接触蛙腿，另一端接触蛙的背部时，青蛙便发生痉挛。以后，他又用从昆虫到哺乳动物的各种动物做了许多实验，所有实验都表明，动物的反应是受到外部刺激的结果。伏打意识到，在青蛙实验中，金属起着重要作用。为了进一步用实验来揭示神经的作用，他在自己身上进行实验。他把银匙放在舌头后边，再用一个小锡块接触舌尖和银匙，他尝到了一种不愉快的味道。他还用双金属弓的一端接触眼皮上部，一端用嘴含住，当刚一接触的瞬间，就产生光的感觉。这使他认识到，金属不仅是导体，而且能产生电；电不仅能使蛙腿产生运动，而且能影响视觉与味觉神经。

伏打提出，青蛙的肌肉和神经中枢是不存在电的，电的流动，产生于不同金属与湿的物体的接触，蛙腿的收缩，只是显示了电流动的存在。因此，他提倡用“金属电”代替“动物电”这个名称，这样才符合这一现象的真实物理因素。伏打的观点一发表，立即引起了一场持续了好几

年的激烈争论。争论的焦点是：伽伐尼派认为，动物体内有“动物电”存在，就像充了电的莱顿瓶一样，金属弓的作用只是接成通路，让它放电；而伏打派则认为，青蛙的痉挛是来自金属弓与湿导体接触所产生的电。为了证明自己的观点正确，伏打进行了大量的紧张的实验。获得了两项重大成果，从而赢得了论战的胜利。事实上，要到40多年后，法拉第的研究才真正说明伽伐尼电流来源于化学作用。

伏打的第一项成果，是他用了3年时间，总结出他发现的伏打序列。伏打发现，一种金属同某一种金属接触时带正电，而同另一种金属接触时则带负电。如锌和铜接触时，锌带正电，铜带负电；铜和金接触时，铜带正电，金带负电。他和各种金属一一搭配的方法，进行了大量实验，确定了一个金属序列，只要按这个顺序将任意两种金属接触，排在前面的那种金属将带正电，排在后面的金属则带负电。这个序列是：锌、锡、铅、铁、黄铜、青铜、铂、金、银、水银、石墨。这就是著名的伏打序列，后来又作了一些补充。

伏打的第二项成果，是电池的发明，他所发明的电池也称为伏打电堆。他将两块金属与浸有酸液的湿布接触，再用导线将两块金属连接起来，成一回路，便得到了电流。他发现，若将若干个这种装置串连起来，就能得到更强的电作用。1800年，伏打在一封信中说：“无疑你们会感到惊讶，我所要介绍的装置，只是用一些不同的导体按一定方式叠置起来的装置。用30片、40片、60片甚至更多的铜片（当然最好是用银片），将它们中的每一片与一片锡片（最好是锌片）接触，然后充一层水或导电性能比纯水更好的食盐水、碱水等液层，或填上一层用这些液体浸透的纸板或皮革等……就能产生相当多的电荷。”伏打还说，这个装置能模拟莱顿瓶的效应，产生电扰动，它在爆炸声响、在电火花及火花通过的距离等方面，远远比不上高度充电的电瓶组；但它在另一方面却大大超过了电瓶组，它不需外电源事先给它充电，只要适当接触它，就能产生电扰动，这在任何时候都是能做到的。

伏打电堆的发明，是电学历史上的一件大事，因为它提供持续和稳定的电流，为科学家们从对静电的研究转入对动电的研究创造了物质条件，它很快就带来了一系列新的发现，也开辟了电力应用的广阔道路。

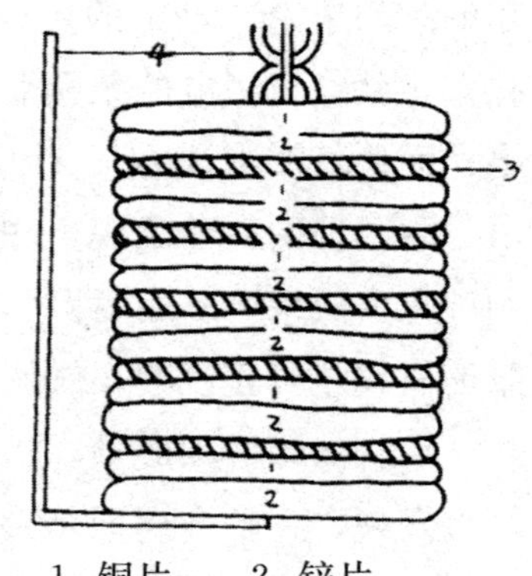

1. 铜片　2. 锌片
3. 湿布片　4. 金属片
图 4－40　伏打电堆

英国科学家获悉伏打的发明后，在 1800 年也制成了电堆。1801 年，伏打应邀到法国，演示了他在电学上的一些发明，引起了法国科学界的重视。法国科学院的院士们多次邀请伏打到科学院的会议上演示他的发明，拿破仑亲自观看了伏打的表演，并授予他奖章和奖金。拿破仑说，伏打的发现将带来一个科学的新时代。

为了纪念伏打对电学的贡献，1881 年在巴黎召开的第一届国际电学会议决定，用他的姓氏作为电动势和电势差的单位，中文译为伏或伏特。

早期的热气球飞行

人类从古代就渴望像鸟儿一样在天空飞翔。在早期的历史中记载了许多给人装上人造翼从高处起飞的事例。在中世纪里，人们对飞行的思想抱有相当的偏见，这种思想被认为是异想天开。从文艺复兴开始，一种比较理性的态度流行起来。在17世纪，人们考虑的人类飞行形式还是模仿鸟的飞行。飞人通常自身装配双翼，用手臂的运动操纵它们。由于一切这种尝试均告失败，人们的注意力开始转向借助机械装置飞行的可能性。一些学者开始认识到，人的手臂的力量不足以像鸟那样在飞行中支持人体的重量。这时，作为古希腊科学复兴的一部分，人们对流体力学重新发生了兴趣。这启发了一部分学者，他们想到可以利用阿基米德原理来使人飞行，如果物体的重量小于它所排开的同体积空气的重量，物体就可能在空气中飞起来。

起初，有人设想，制作一辆轻车，给它装上四个薄铜球，将铜球完全抽空，使球大到足以使整个装置轻于和它同体积的空气，那么就能使它飞起来。很快，从实践和理论上证明，大到并轻到足以浮起来的金属球肯定会在外部空气压力的作用下压塌。然而，制作比空气轻的飞船的思想，并未被遗忘。18世纪俄国著名的科学家罗蒙诺索夫（1711～1765年）在创办的莫斯科大学的石墙上，刻有这样一句名言："鸟有翅膀，可以飞上天空；人没有翅膀，但是靠智慧和力量，同样可以翱翔蓝天。"1783年，人类飞翔于蓝天的愿望，由于热气球的诞生而成为现实。

当时，在法国里昂附近一个叫昂诺内的小镇上，有一家经营造纸业的兄弟，哥哥叫约瑟夫·蒙戈尔弗埃，弟弟叫雅克·蒙戈尔弗埃。1782年冬天的一个晚上，蒙戈尔弗埃兄弟俩坐在壁炉旁烤火。一缕缕炉烟从火堆升起，悠悠地向空中飘去。望着这冉冉升起的炉烟，约琴夫突然萌发了一个想法：要是有一只口袋把烟装进去。烟也许会使口袋升起来。于是，兄弟俩找来一块绸子。缝成一只口袋，把口袋的口向下对着火炉，很快，口袋就被热气鼓起来了。他们用绳子把口袋的开口系住，一放手，口袋真的升起来了，一直升到了天花板。

初试成功后，蒙戈尔弗埃兄弟就迷上了热气球。他们接连进行了几次小型实验，不断加大气球的大小，使用更结实的材料。实验的成功，使他俩决定进行一次公开试验。1783 年 6 月，在昂诺内的一个广场上，他俩将一个体积约 750 立方米的热气球送上了天空。这只气球是用多层帆布做的，里面用纸和亚麻密封，他们用燃烧麦秆的热气充满气球后，气球便离开地面，上升到大约 2000 米的高空。随着热空气冷却和通过孔隙溢出，气球又缓慢地降回地面，它飞行了约 12 千米。遗憾的是，这次飞行的气球上没有任何乘客，气球自己独享了首次飞行的荣誉。

蒙戈尔弗埃兄弟的热气球飞行实验的消息很快传到了巴黎，法国科学院决定把他们请到巴黎，表演热气球飞行。1783 年 9 月，著名的凡尔塞宫前的草坪上，热闹非凡，飞行表演就要在这里举行了。著名学者、皇宫大臣、贵族和众多的来宾正在翘首等待，法国国王路易十六和皇后也来到现场观看。在人们的欢呼声中，一只直径约 15 米的热气球飞上了天空。在气球下面安有一只吊篮，吊篮中有三个不知所措的“乘客”：一只羊，一只鸡和一只鸭子，这是人类首次载动物飞行。气球升到约 500 米的高度，飞行了 3000 米，8 分钟后落在了一片森林里。人们纷纷赶到气球的降落点，发现三位“乘客”安然无恙：羊在吃草，鸭子在呱呱叫，鸡的翅膀似乎受了轻伤。

气球载动物飞行的成功，使蒙戈尔弗埃兄弟想到做载人飞行的尝试。

消息传到国王路易十六那里，考虑到飞行成败难以预料，他宣布让两个判了死刑的囚犯去试飞。然而，巴黎一位青年学者 J.F. 皮拉特尔・德罗齐埃不愿把人类第一次升天的荣誉让给囚犯。他说服国王让他去进行这次试飞。1783 年 10 月，他乘一只拴在地面的热气球升到 20 米的空中，停留了 4 分钟后返回地面。11 月，在另一乘客的陪伴下，他乘一只热气球进行了第一次自由飞行。这只气球直径约 16 米，气球开口下面的吊舱中安置一个火盆，内装麦秆。在飞行中可以点燃麦秆，加热空气，以维持浮力。气球从布洛涅森林起飞，以约 1000 米的高度横越巴黎上空，25 分钟后在巴黎郊外着陆。飞行中火盆中的火曾将气球的气囊烧着，这说明这种用火加热空气的气球是十分危险的。

以后，在全欧洲进行过许多次气球飞行，除热气球外，还有氢气球。人们用网来支持吊舱；在气球顶端设置阀门，气体可以从阀门溢出，使气球下降；在希望气球上升时就抛弃起飞时携带的压载；安装测量大气压的气压计，推算气球所在高度。气球也曾用于军事侦察、气象研究和科学实验。

人类虽然没有翅膀，但是靠智慧和勇敢终于飞上了天空。

钻炮与摩冰实验

18世纪中叶，在热现象的研究上兴起了一种“热质说”，这个学说认为，一切热现象都是由一种没有重量的热物质粒子引起的，这种热物质粒子称为热质。热质非常细致，有球的形状，十分活泼，因而能渗透到一切物体之中。对热质说的最严峻的挑战是对摩擦生热现象的理论与实验研究。热质说既然认为热是一种物质，因此也便提出一个根本性的假说，这就是“热质在所有热学过程中保持守恒”。那么，摩擦过程中产生的热是从哪里来的呢？在布莱克发现“潜热”以后，热质说的倡导者们提出，在摩擦过程中，物体的比热减小，并从物体内部挤压出“潜热”，溢于物体表面，就像把一块海绵里的水挤了出来一样，因而在摩擦过程中总的热质还是守恒的，但物体表面却热起来了。但是，在18世纪末，伦福德（1753～1814年）和汉弗莱·戴维（1778～1829年）却以极为出色和巧妙的实验，揭示出了热质说难以遮掩的漏洞，为热是运动的学说奠定了实验基础。

伦福德原名本杰明·汤普逊，出生在美国的马萨诸塞州。他在少年时期就喜欢钻研烟花、火药、电机、静电计模型等。他还善于思考一些科学问题。青年时期，他曾经读过波尔哈夫的著作，学习到热学知识。后来，他在哈佛大学听过课，此后当过教员。他曾执教于伦福德地方的一所学校。美国独立战争期间，他因同情英国政府而遭监禁。后来，他横渡大西洋来到英国，任职于英国殖民部。在英国期间，他研究了火药

的爆炸力，探讨过海洋上信号联络的方法，1778年被选为英国皇家学会会员。他是英国皇家研究院的创立者之一。他建议，建立一个公共机构，传播科学知识，广泛介绍有用的机械发明，教授科学在日常生活中的应用，以改进英国的工艺和制造，增进家庭的舒适和便利。这一计划的实施对英国科学的普及和发展极为有益。后来，伦福德又到了巴伐利亚，这是封建割据的德意志联邦的一个邦国。伦福德在慕尼黑居住了11年，积极致力于改组巴伐利亚军队，热心解决贫民问题，1791年，被巴伐利亚选帝侯封为伯爵。伦福德还创设了英国皇家学会的“伦福德勋章”，授予在热和光的应用方面作出卓越贡献的人。

图4－41　伦福德
(1753～1814年)

伦福德受过一定的科学训练，富有科学探索精神，十分重视发现基本的科学事实。他曾写道：“在人们的日常事务和工作中，往往会提供他们思索自然界的一些最奇妙的作用的机会；……我常常有机会作这一类的观察，并且我深信，只要养成一种习惯，时常去留心日常生活中所发生的一切事情，那么往往会引起有益的怀疑，导致有助于研究与改进方面的切实方法。这些情况有的是突然发生的，有的是在思考极普通的现象时所进行的遐想中发生的。这样引起的怀疑和研究改进的机会，比那些终日钻在书房里，专门从事研究的哲学家苦思冥想所能引起的还会多些。”

在慕尼黑从事镗削炮筒工作期间，伦福德发现，大炮被钻削时，在短时间内会产生大量的热，使金属的温度急剧上升，必须不断地向炮孔中注水，以降低温度。按照热质说的解释，这是因为在镗削过程中，金属碎屑的热质被挤压出来，致使碎屑的热容量减小，这时热质便引起了可感知的温度升高。伦福德自己设计了实验，来检验热质说的解释。他把等量的金属碎屑和金属块一起放入沸水中，使它们具有相同的温度，然后把它们分别放入等量等温的两盆水中，结果发现这两盆水都升高了同样的温度。这表明，金属碎屑和金属块的比热是一样的。因此，伦福德认为，摩擦、碰撞并不会使物体的比热发生改变。也就是说，热质说对镗削过程中大量热的产生的解释是错误的。

1798 年，伦福德进行了一次公开的镗削生热实验。他选用一个很钝的钻头，让它顶住黄铜圆筒转动，钻头与黄铜筒摩擦便产生了热。他把钻头和圆筒放入一个木箱里面，木箱中盛有约 15 千克水。这就构成了一个量热器，可以通过观察水温的升高来测量所产生的热量。伦福德让马带动钝钻头转动，在 1 小时内，水温从 60°F 升到 107°F，经过 2 小时 45 分，水箱中的水竟达到 212°F 而沸腾起来。用伦福德的话来说：“当在场的人目睹没有用火便把这么多冷水实际上加热到了沸腾时，他们的脸上现出了无法形容的惊异之色。”这热显然是仅仅由机械手段本身产生的。伦福德对这项钻炮实验进行了深入分析，他说：“鉴于这个实验所用的机械用一匹马的力量就可以容易地使之转动……所以，这些计算进一步表明，不用火、光、燃烧或化学分解，仅仅用这匹马的力量，就可借助适当的机械装置产生多么大的热量。这个装置浸没在水中，所以热显然不是来自空气。如果热质说是正确的话，那么，给定量的金属产生的热量就应当有一个限度。然而，这里并没有看到什么限度。”伦福德还说：“看来在这些实验中，由摩擦产生热的源泉是不可穷尽的。毋庸赘言，任何与外界隔绝的物体或物体系统，能够无限制地提供出来的东西，决不可能是物质实体；在我看来，在这些实验中被激发出来的热，除了把它看作是运动以外，似乎很难把它看作为其他任何东西。”

伦福德的工作是对热质说的一个沉重的打击。但是，由于他的测量

有明显的误差，致使在相当长的时间内，还不足以根本转变人们的看法。不过，与他同时代的一位年轻人戴维接受了他的观点。在1799年发表的一篇论文中，戴维叙述了一个巧妙而富于创造性的实验。

戴维出生在一个贫苦的雕刻匠家里，曾在一家药店当过学徒，利用业余时间自修过化学，后来成为英国一位有影响的科学家。戴维从书本上了解到热质说的倡导者们关于摩擦生热现象的解释，他试图通过实验来检验这个理论。戴维选用两块温度为29°F的冰，把它们固定在一个用钟表游丝改装成的装置上，使两块冰可以不断地相互摩擦。然后把它们放进抽成真空的大玻璃罩内，外边用低于29°F的冰块将玻璃罩包围起来。实验中，两块冰通过摩擦慢慢融解为水。

图4－42 汉弗莱·戴维（1778～1829年）

热质说是无法解释戴维的摩冰实验的。因为在这个实验中，整个装置被外面低于29°F的冰块所包围，“热质”不可能从外面跑进去；冰融化为水要吸收“潜热”，也就是说水比冰具有更多的热质，这一过程中不可能从冰中挤出“热质”；最后，水的比热比冰的比热还大。所以，在这个实验中，“热质守恒”关系不再成立了。戴维由此得出结论：“热质是不存在的。”他认为，摩擦和碰撞引起了物体内部微粒的特殊运动或振动，而这种运动或振动就是热。

伦福德的钻炮实验和戴维的摩冰实验，给热的运动说提供了有力的支持，但是并没有结束热质说的历史。在人类认识热现象的历史上，在18世纪和19世纪初，热质说在约一个多世纪中居于统治地位，这不是没有原因的。当时的科学发展水平还很低，科学研究还没有揭示出各种运动形式之间的本质联系，人们还习惯于把热现象和其他物理现象孤立地加以研究，每一种运动都赋予一种独立的物质承担者。直到19世纪40

年代，当能量守恒与转化定律基本确立之后，热的运动说才取得了最后的胜利。在热动说的发展历史中，钻炮和摩冰实验的作用是不可低估的，它向热质说提出了挑战，说明了热动说的合理性。

生 化 篇

生物分类学的发展

在自然界中，人们很容易发现，生物界具有惊人的多样化。17 世纪，瑞士生物学家 C. 鲍兴（1560～1634 年）描述了 6000 种植物。18 世纪，卡尔·冯·林奈（1707～1778 年）描述了 18000 种植物。到了 19 世纪，法国学者乔治·居维叶（1769～1832 年）宣称已知植物有 50000 种。如此纷繁的生物界组成了一个庞大的连续而又有飞跃的链条。

在 16、17 世纪，当人们对生物分类材料进行初步整理时，就有两种不同的观点和两种不同的分类方法。一种观点把物种看成是不连续的、界限分明的类群。持这种观点的人采用人为分类法，即用少数几个甚至仅仅一个特征进行分类。另一种观点认为，生物之间存在着连续性，主张对一切可以找到的特征进行研究，以便确定它们之间的亲缘关系。他们采用的是自然分类法。

在 18 世纪，生物分类学处于对一个地区的生物进行描述和区分阶段。学者们所能描述的生物种类还很有限，他们没有足够的材料将各种类群联系起来，因此也没有可能建立起自然分类系统。面对已经发现的大量物种，分类学必须解决的首要问题就是把不同类群明确地加以鉴别，并能方便地加以检索。人为分类法正是根据少数鉴别性特征将生物进行分类的。这种方法十分简单方便，而且有效。因此，18 世纪，人为分类法占统治地位，最有影响的学者是瑞典的博物学家林奈。

1707 年，林奈出生于瑞典，他的父亲是一位乡村牧师。林奈在乡村环境中长大，并受到了宗教信仰的熏陶。林奈的父亲喜欢园艺，在庭院里开了一个园圃，它被认为是全瑞典植物种类最丰富多彩的园圃之一。这个园圃对林奈成为植物学家的成长过程产生了深远的影响。

图 5－1　卡尔·冯·林奈
（1707～1778 年）

1727 年，林奈从一所神学预科学校毕业，在 18 名学生中间，他名列第 11 名。他忽视了学校的大部分课程，但是当时作为国际科学语言的拉丁语和自然课，却使他产生了极大兴趣。自然课教师发现了他对自然研究的兴趣，有意识地向他介绍生物学的新成果。林奈通晓拉丁文后，阅读过亚里士多德的《动物史》，这部著作对他产生了很大影响。通过大量阅读前人的著作，林奈了解了植物分类学的成果和植物有性别的思想。林奈的自然课教师还使林奈的父亲深信，不能强迫儿子去进行神学研究，而应该让他研究医学。在当时，研究神学可以有可靠的社会地位和优越的生活条件，而行医则是无保证的。1727 年，林奈如愿进入大学学习医学。当时，在瑞典的大学里，神学占据着统治地位，医学系则陷于穷困不堪的境地。林奈在自学中受到了进一步的教育，学校里一些爱好自然科学的学者也对他进行鼓励。1730 年，林奈发表了一篇论植物性别的短文。1732 年，皇家学会委托他到未探索过的拉普兰作一次考察旅行，考察那里的矿物、植物和动物。以后，林奈又作过多次考察旅行。在考察报告里，林奈提出了下列建议：关于森林的经营管理，关于沼泽地的排水和在农业上的应用，关于除草，关于国内野生饲料植物的培植，关于疾病的预防以及矿产和温泉的利用等。林奈研究了自己祖国的自然界，而这种研究又用来促进经济的发展。

1735 年，林奈在荷兰取得了博士学位，并找到了施主。阿姆斯特丹

的富有银行家和市长委任林奈为他的大型植物园的主管。这一年，林奈出版了他的划时代著作《自然系统》，发表了他的分类系统。《自然系统》是地球上矿物、植物界和动物界的一部宏伟的百科全书，在出版第13版时扩为12卷，6000余页。林奈的分类方法是基于花的性状，尤其是雄蕊和心皮的数目和排列而作出的。

在这个所谓的有性分类体系中，植物分为纲、目、属和种。纲主要由雄蕊数目决定，纲的下一层次是目，目由心皮数目划分。这样，人们通过留意植物花的细微特征，可以轻而易举地判定被发现的植物，或把它们重新加以分类。林奈分类方法的这一优点，使他提出的分类系统得到了广泛传播。他的同代人对他的工作以予高度评价，人们赞扬说：上帝创造了世界，而林奈对世界进行了整理分类。

一个好的分类系统要求有一种有效的命名方法，也就是说，要有一个合适的名称体系。林奈将双名法普遍应用于植物命名，取代当时流行的啰唆的拉丁名。按照双名法，每种植物均用属名和种名结合来命名。林奈不是引入双名法的第一个人，但是由于他的努力和工作成果，双名法成为生物命名法的基本部分很快得到公认，而且今天仍被应用于生物学中。

对生物进行有效的描述也是分类学的一个重要附属部分。在分类体系中，对所列举的每个类都必须加以描述，以便人们易于辨识。林奈反对当时那种冗长的描述，提倡对植物的描述要尽可能的经济，他对植物的描述总是十分简洁而中肯。

林奈坦率地承认，他的分类方法是人为的。他已经认识到，一个理想的分类方案应该按亲缘关系把物种分为自然群体。起初，林奈认为物种和物种的数目是固定不变的，上帝创造了多少物种，现在就有多少物种。后来，大量的观察事实使他承认，通过杂交可以产生新种。

1739年，瑞典科学院成立，这个科学院当时最年轻的成员林奈，成为它的第一任院长。在以后近40年中，林奈为推动科学院的研究工作作出了很大贡献。他一生中勤奋地从事研究和著述，留传后世的著作有 180 种，专著 17 部，影响十分深远。在他的著作中，最有创见的是《自然系统》，他在世时就出版了第 12 版，其内容被广泛应用。

林奈的《自然系统》是生物学发展的一个里程碑，然而，这仅仅是对大量材料所做的初步整理，真正按照物种的亲缘关系进行分类整理，是在 18 世纪后半叶完成的。林奈说过，人为系统只能告诉我们辨认植物，自然系统却能把植物的本性告诉我们。

18 世纪下半叶，分类学发展成世界性学科。生物学的发展不仅仅积累了大量分类学的材料，而且还积累了形态学、解剖学和生理学材料，这就对生物的分类提出了新的要求。分类学应该全部考察物种的各种性状，分析它们的差异点和共同点，将它们归并成自然的类群，并研究各种类群之间的关系。这样，比较方法开始应用于生物学研究，并产生了深刻影响。通过比较，物种之间的连续性和生物界的统一性被揭示出来了。

法国植物学家乔治·布丰（1707～1788 年）强烈地反对人为分类法，主张用比较方法研究生物关系。他认为，自然界中没有不连续的纲、目、属、种。根据动物物种之间的类似性，布丰已经比较明确地认识到，一个物种是从原先的另一个物种变化而来的，现在的不同物种是从一个共同祖先传下来的。但是，布丰错误地认为，大多数的生物物种是从几种比较完善的类型退化的结果，这就使他的理论以后遇到了不可克服的困难。

分类学在 18 世纪的发展，不仅对大量生物学材料进行了分类整理，也对 19 世纪生物进化论的产生有直接的积极意义。

近代生理学之父——哈维

英国科学家威廉·哈维（1578～1657年）对血液循环的发现，使生理学发展成为科学，也使他赢得了“近代生理学之父”的称誉。

1578年，哈维出生于英国的福克斯通。父亲是当地有名的富有地主，使哈维受到了十分广泛的教育。1597年，哈维从英国著名学府剑桥大学毕业。哈维立志学习医学，当时世界医学研究的中心是意大利的帕多瓦，1598年哈维到帕多瓦医学学校学习，1602年获得博士学位。回国后，哈维开始行医治病，同时还在剑桥大学和伦敦的圣·巴托洛麦斯医学专科学校讲授解剖学。后来，哈维成为英国国王的御医，先后为国王詹姆士一世和查理一世服务。哈维的个人生活道路十分顺利，当时英国正处于政治上的变动时期，但他不过问政治，把自己的全部精力都倾注在医学研究上。

古罗马时期名气最大的医学家盖仑（129～199年）提出过一种关于血液运动的理论。盖仑认为，把心脏分为两半的中隔上，有人们肉眼看不见的小孔，血液穿流过这些小孔，从心脏右侧到心脏左侧，再流经肺部；血液在血管中缓慢地来回流动，开始向这一方向，接着又向相反方向，如此往复循环。盖仑的这一理论包含着许多谬误，但是在欧洲医学界统治了1400年之久。盖仑研究过解剖学，但是他从未解剖过人体，因为解剖人体是当时的罗马统治者所禁止的。盖仑的解剖对象是猕猴，他认为猕猴和人很相像。到文艺复兴时期，虽然人体解剖已经开禁，但是，在大学课堂上仍然以传授盖仑的学说为目的。学者们并不执刀解剖，执刀的是无权过问学术的理发师，从事解剖的目的也不是发现新事实，而是为了验证盖仑著作的权威性。

图 5－2 威廉·哈维
（1578～1657 年）

在哈维生活的时代，对人体血液运动的研究是医学领域中引人注意的问题，不少医生对血液的运动作了种种推测。哈维认为必须在人体内部寻找解开血液运动之谜的钥匙。他运用 A. 维萨里（1514～1564 年）的方法进行研究。维萨里是一位比利时医生，曾在哈维到帕多瓦之前 30 年在那里任教，他一边执刀解剖，一边对照讲解人体的构造，同时指出盖仑著作中的错误。维萨里被称为解剖学之父。在帕多瓦期间，哈维受到文艺复兴思想的影响，认识到了实验方法对科学研究工作的重要意义。哈维说："无论是教解剖学还是学解剖学都应当以实验为据，而不应当以书籍为据；都应当以自然为师，而不应当以哲学家为师。"正是这种尊重事实，不迷信传统的科学态度，使哈维能够作出重大发现。哈维的认识和他所使用的实验方法，对生理学的发展产生了革命性的影响。

哈维在帕多瓦学习时，他的老师哲罗姆·法布里修斯（1537～1619 年）发现了静脉瓣，但是法布里修斯没有能理解这些瓣膜的真正功能。他认为瓣膜的功能是阻碍血液的过快流动，以使组织有时间吸收必要的养料。哈维从老师的发现中受到启发，他从实验入手，做了绑扎人体上臂血管和计算血流量的实验。他发现，当丝带扎紧人的上臂时，丝带下方即靠近肢端一方的静脉膨鼓起来，动脉却变得扁平；在丝带另一方，动脉膨鼓起来，静脉变平。这表明，动脉和静脉中血液流动的方向相反：一个从心脏流向肢端，一个从肢端流回心脏。哈维还对动物搏动着的心

脏进行了仔细观察。他发现，心脏的左右两部分并不是同时收缩的，左右心房和左右心室的房室口的瓣膜是单向阀，静脉中的静脉瓣也是单向阀。很明显，血液从心脏里被推送出来后，沿着动脉流到全身，又循着静脉回到心脏，瓣膜起到防止血液倒流的作用。

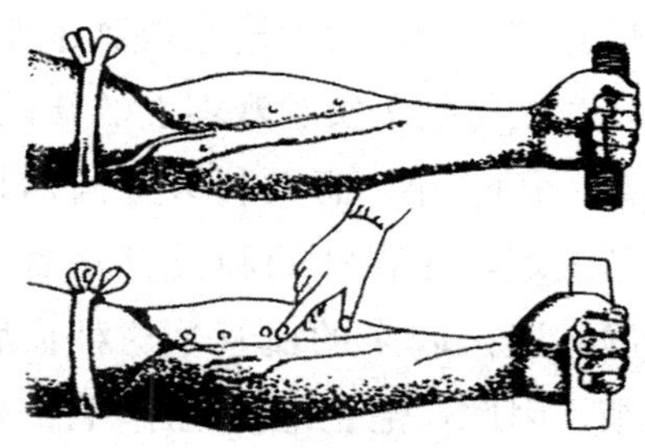
图 5－3　绑扎前臂实验

通过观察动物搏动着的心脏，哈维还对血流量进行了计算。他发现，心脏每半小时搏送出来的血量将超过全身任何时候所含的血液总量。盖伦认为血液是由肝脏制造出来的，哈维从血流量的计算感到，肝脏不可能在半小时内造出这么多血，而且血液也不可能在肢体末端这么快地吸收掉。唯一可能的是，血液在全身沿着一个闭合路径作循环运动。这个循环的路线是，从右心房到右心室输出的静脉血到肺部变为动脉血，然后通过左心房到左心室，从左心室搏出的动脉血沿动脉到达全身，然后再沿静脉回到心脉。哈维预言，在动脉和静脉末端必定有一种微小的通道把两者联结起来。

哈维在 1616 年公布了他的发现，1628 年又出版了《心血运动论》一书，系统地阐述了他的理论。在书中，哈维用大量实验材料论证了血液的循环运动。他特别强调了心脏在血液循环中的重要作用，通过对 40 种不同动物的解剖观察，他证明心脏的收缩和舒张是血液循环的原动力。他把心脏比作水泵，并认为心脏在人体中的地位，就像宇宙中的太阳，而太阳也是宇宙的心脏。这说明，哈维把自己的学说和哥白尼的太阳中心说联系在一起。

《心血运动论》出版后，最初的反应很不令人满意。反对者们极力贬低这一学说，他们还讥讽辱骂哈维，把他说成是精神失常的医生。对不明真相的患者们来说，被人称为“精神失常”的医生当然是不可信任的，因此，哈维的病人急剧减少。哈维对此保持缄默，继续进行研究，他坚信总有一天他的理论会得到证明。1660 年，在哈维逝世后 3 年，血液循环学说得到了实验观察上的新证据。

1660 年，意大利医生马尔切洛·马尔比基发现，在青蛙的肺里存在着一种把动脉和静脉连接起来的血管，这种血管像毛发一样细，因此，他把它们称作毛细血管。这就是哈维预言的联接动脉和静脉的微小通道。后来，马尔比基在蛙体的其他部分也发现了毛细血管。能做到这一发现，首先是由于马尔比基借助了显微镜，可以说他是显微生物学的创始人之一；另外也要归功于他的创造精神，他首先采用在动脉中注入水的办法，由此冲掉血管系统中的血液，使血管看得更加清楚。

图 5－4　马尔切洛·马尔比基（？～?）

哈维的工作，使人类对血液循环有了正确的认识，他在研究中所采取的新科学方法，即不迷信权威，而是依靠自己的观察；不是潜心钻入纸堆，而是现实地考察自然界，成为近代生理学的研究方法。哈维将自己的工作与太阳中心说类比，这个学说也确实给生理学中的传统观念以致命打击，开辟了解释人体生理现象的正确道路。

燃素说与氢的发现

说到火，东西方都有关于它的悠久的传说。在希腊神话中，火来源于神，普罗米修斯因为盗天火而触犯天条，并且受到惩罚。中国古代的燧人氏是借助物理方法得到火——钻木取火，燧人氏因此受到后人的敬仰。火太普遍了，古人把它当做一种元素，西方有“四元素说”（水火气土），中国则有“五行说”（金木水火土）。火可以单独或与其他元素一起构成物质。

火的一个最基本的性质就是它可以发热，而热引起物质变化的作用是很受炼金家重视的。1603年，法国医生让·雷伊（1583～1630年）注意到金属铅和锡经焙烧后重量增加了。他认为，是空气凝结到铅和锡之中，使它们的重量增加了，就好像是干燥的沙土吸了水一样。

当时科学家很重视金属的焙烧和物质的燃烧现象。被称作“牛津化学家”的罗伯特·波义耳（1627～1691年）、罗伯特·胡克（1635～1703年）和约翰·梅猷（1641～1679年）就很重视这一问题。

梅猷是一位医生，他做了一些燃烧实验。他将一支蜡烛放在木板上并浮在水面上，点燃后，扣上一个大钟罩密闭起来。过了一会儿，他发现水面上升了。这说明钟罩内的空气减少了。他把蜡烛换成老鼠，同样密闭起来，老鼠喘息了一会儿，钟罩内空气也减少了。梅猷认为，燃烧和呼吸一样，都要消耗空气。遗憾的是，他过早地去世了，以至于未能将实验继续下去。

如何解释燃烧现象？当时的医药、化学家认为，物质的可燃性是由于它中间含有一种“硫”元素。但是，波义耳则另辟蹊径，提出了一种新观点。波义耳建立了新的元素理论，所谓元素“是指某种原始的、简单的、一点儿也没有掺杂的物体”。医药化学家所说的“硫”并不是元素，因此，它的可燃性就不能用来解释燃烧现象。

1673 年，波义耳根据他和胡克做的煅烧金属的实验，推断金属煅烧后金属重量增加，是由于火粒子为金属吸收，也就是金属同“火粒子”相结合。这也说明火粒子是有重量的。波义耳的观点引起了一些争论。

在此之前，与波义耳同时代的一位年轻的德国化学家约翰·约阿希姆·贝歇尔（1635～1682 年）也提出了一种燃烧观点。他认为，物体燃烧，是其中一种叫做“油土”成分的释放。这个观点发表在他的《土质自然哲学》一书中。他的观点得到他的学生的支持和发挥。

1703 年，贝歇尔的学生金格尔·恩斯特·施塔尔（1660～1734 年）借《土质自然哲学》再版之际，为该书做了一些评注。对贝歇尔的“油土”进行了系统的阐发。

图 5－5　金格尔·恩斯特·施塔尔（1660～1734 年）

施塔尔认为，火是由无数极其细小而活泼的微粒组成的实体，它可以同其他元素结合成化合物，也能以游离态存在。大量火微粒的聚合就形成明亮的火焰，其弥散则使人感到热。施塔尔还把贝歇尔的“油土”和波义耳的“火粒子”统一称为“燃素”。

燃素的特点是，物体失去燃素，它就变成死一般的灰烬，灰烬获得燃素则可复活。这就是说：

$$\text{可燃物体} \underset{\text{还原}}{\overset{\text{燃烧}}{\rightleftharpoons}} \text{灰渣} + \text{燃素}$$

金属的煅烧就是金属的燃素进行分解和释放的过程，煅渣就是失去燃素后的金属。若将富含燃素的东西（如木炭）同煅渣作用，使燃素渗入煅渣，它就可以还原为金属。这就是说：

金属－燃素⟶煅渣

煅渣＋燃素⟶金属

借助燃素的观点可以解释许多化学现象，如酸的形成、置换反应等。这种理论的产生最终使化学摆脱炼金术的控制。施塔尔的科学观与燃素说类似。他年轻时也相信炼金术，这似乎并不稀奇，大科学家牛顿也是一个炼金术迷。但是，后来施塔尔就不相信炼金术了。

系统地阐述燃素说是法国化学家加勒里尔·文耐尔（1723～1775年）作出的。他认为，燃素与地心相排斥，因而具有“负的”重量。这就是物体失去燃素后重量反而加重，得到燃素反而减轻的原因。

燃素理论在解释一些现象时，也出现一些明显的自相矛盾之处。例如，金属煅烧释放燃素，形成的煅渣重量增加；可是，植物燃烧，同样要释放燃素，但形成的灰渣却重量减轻了。这如何解释呢？此外，一些人认为，只要燃素是存在的，就应该从物体分离出游离的燃素。

据说，16世纪时，瑞士著名的医生帕拉塞尔苏斯（1493～1541年），在把铁屑扔进硫酸时，发现大量气体从中腾空而起。17世纪，也有很多人做过类似的实验，甚至有人将这种气体收集起来，发现它可以在空气中燃烧。

1766年，英国物理学家和化学家亨利·卡文迪什（1731～1810年）发表了他的实验结果。他把锡、铁、锌扔进盐酸或稀硫酸中，而后用排水集气法将产生的气体收集起来。他发现，这种气体与空气混合后，一遇火星就会猛烈爆炸。卡文迪什称它为“可燃空气”。

卡文迪什也信奉燃素说。他认定，金属溶解在酸中，就会将燃素释放出来，他收集到的肯定就是燃素。这当然使他很是激动了一时。然而，卡文迪什毕竟是一位严谨的科学家，经过仔细地测量，他测得，这种气

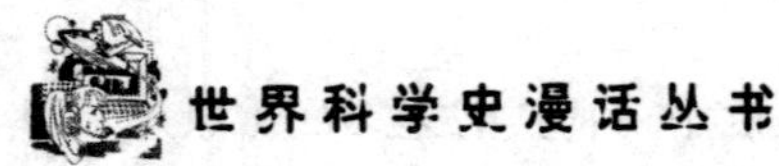

体的密度差不多是空气的 1/10，而不具有负的重量。

此后，英国一位牧师、化学家约瑟夫·普利斯特利（1733～1804 年）也曾致力于气体的研究，他采用水银集气法收集气体。1781 年，普利斯特利也将“可燃空气”与空气混合，用电火花点燃，一声爆鸣后，容器上挂着一些露珠。这一结果又促使卡文迪什再次重复这个实验。卡文迪什最后确定，这是水珠。

1784 年，普利斯特利制得了纯“可燃空气”。卡文迪什又用纯氧气与纯“可燃空气”再次作用生成纯水。卡文迪什发现氧与“可燃空气”的比例为 201.5∶100。遗憾的是，普利斯特利和卡文迪什的解释依旧是陈旧的。他们仍认为，水是一种元素，氧是失燃素的水元素，“可燃空气”是燃素与水的化合物。

对于这个问题，法国著名化学家安东尼·罗朗·拉瓦锡（1743～1794 年）也进行了研究，并且遇到了困难。1783 年，当他从卡文迪什的一位助手那里得知卡文迪什的研究结果后才恍然大悟。拉瓦锡对水、氧和“可燃空气”的关系进行了定量研究，他的结论是，“可燃空气”并不是从金属中释放的燃素，也不是燃素化了的水，而是从水中分解出的一种元素。水并不是元素，而是两种元素合二为一的化合产物。1787 年，拉瓦锡把“可燃空气”命名为“hydrogene”，意为“成水元素”。汉译是晚清化学家徐寿（1818～1884 年）提出的，他译作“轻”或“轻气”，后人统译为“氢”。尽管化学史家把氢的发现和对水的结构的认识都归功于卡文迪什，但是拉瓦锡的功劳亦不可没。

拉瓦锡借助卡文迪什的发现，最终将“燃素”从化学中驱逐出去，并从此拉开了近代化学的序幕。然而，“燃素”生命的终结，又促使人们认真地思索“重素”、“磁素”、“光素”、“热素”、“弹性素”等各种“微素”存在的价值，并逐渐取消了它们在科学中的地位，使人们的认识获得了一次飞跃。

近代化学之父——波义耳

大千世界，气象万千，形成千千万万种物质的始原物质竟只是 100 多种元素。然而，科学的元素定义是谁最先提出的呢？这话头还要转到 300 多年以前。

在爱尔兰西南的利兹莫城，有一位聪明的小男孩，名字叫罗伯特·波义耳（1627～1691 年）。他在 15 个兄弟姐妹中排第 14，在男孩中排第 7。父亲虽是一个伯爵，但在教育子女方面却独出心裁。他认为，小孩不可娇惯，因此，波义耳生下不久就寄养在乡下。到 4 岁时才回到父母身边。不幸的是，不久母亲就去世了。

波义耳先是在家里学习拉丁文和法文，8 岁时才同他的哥哥法兰克一起进伊顿公学。这是英国一所有名的贵族学校。两个仆人伴随兄弟俩走了一个多月才到学校。在这里，法兰克好赌，而波义耳好学。

波义耳的身体并不好。有一次，他病了，医生为他开错了药方，要不是他的胃难以吸收这些药，他很可能就一命呜呼了。从此，他很怕医生，有病也不愿找医生。他甚至开始自修医学，以备不时之需。

在伊顿公学学习了 3 年，父亲又把他们俩送到一个牧师处寄读。第二年，兄弟俩又由家庭教师陪同到欧洲游学。他们先后到巴黎和日内瓦。在日内瓦，波义耳决心献身科学。据说，有一天晚上，他去看戏，这是一部有关闪电的戏，戏的情节并不很吸引他。但是勤于思索的波义耳总觉得在闪电现象中隐藏着巨大的奥秘；思来想去，他感到是上帝安排的。

上帝并不轻易显露他的威力，而是要人们去解开自然之谜来了解上帝。他自己应去解开这些自然之谜。

1641年，波义耳从日内瓦到了佛罗伦萨，在这里学习“伽利略的新学说”。他们在这里的住处离已双目失明的伽利略的住地很近，不久伽利略就去世了。

1644年，波义耳回到了英国。这时，波义耳的父亲和一个哥哥参加内战而战死。父亲是拥护国王的保皇派，而与波义耳最要好的五姐加萨林（婚后称莱涅拉夫人）则是狂热的议会派。波义耳回到英国就住在五姐家中，不久就回到父亲留下的庄园，埋头读书去了。

图5－6　罗伯特·波义耳（1627～1691年）

莱涅拉夫人在社会上很有名气，内战时期，她曾保护过著名诗人弥尔顿。在莱涅拉夫人家中，波义耳也见到过法国著名哲学家勒奈·笛卡儿（1596～1650年）。他们俩就哲学问题进行了讨论，波义耳不同意笛卡儿关于理性高于一切的观点，而主张知识来源于经验。

波义耳的观点并不是没有道理。他一直怀疑亚里士多德的四元素说（亚里士多德认为构成世界本原的是水火气土）。波义耳认为这种观点正确与否应借助实验来加以证明。

1646～1647年，波义耳在伦敦参加了“无形学院”的俱乐部。它创建于1644～1645年。这是一些科学爱好者的组织，每周有一次集会，主要是座谈一些自然科学的问题，特别是伽利略和埃文杰利斯塔·托里拆利（1605～1647年）的新发现。这个组织以著名的英国哲学家弗朗西斯科·培根（1561～1626年）倡导的经验主义为宗旨，多数会员是一些业余科学工作者。

波义耳不仅参加这些座谈，而且更加紧进行自己的实验。他在自己的庄园中建立实验室，进行各种实验。据说，他在建造一座大土炉时，因劳累而染上肾病。在这里，波义耳进行各种物理和化学的研究，也研究生物学和医学，同时对哲学、神学和语言学也有很大的兴趣。

波义耳的实验有许多人参加，波义耳也亲自动手做实验。长期的研究与实验，使波义耳发现了著名的波义耳定律，并且建立了科学的元素概念。

伽利略曾注意到大气压强问题，托里市拆利经过实验发现了大气压强和“托里拆利真空”。后来，德国马德堡市市长奥托·冯·格里克由改良抽水泵而发明了空气泵。当他的研究公之于世后，引起了波义耳的注意。

波义耳同他的助手罗伯特·胡克（1635～1703 年）一起对格里克的空气泵进行了改进，制造出一台新的空气泵。借助这台空气泵，波义耳验证了托里拆利的实验。同时对“空气具有弹性”的问题进行了许多实验，并于 1660 年发表了他们的研究结果。

波义耳认为，气体和液体都具有重量和压力，而弹性只有气体才明显表现出来。他把气体看作是由一些小弹簧似的粒子组成的集合体，以此说明气体的弹性。但是，波义耳对真空的实验遭到许多人的反对，因为笛卡儿学派认为真空是不存在的。甚至有些人否认托里拆利的水银柱并非外部气压造成。为此，波义耳又设计了新的实验，并于 1662 年发表了实验结果。

波义耳把水银灌进一根 U 型管，其中一端注入一部分空气。测它的体积和气压（正好控制在 1 个大气压上），而后再灌入水银，使气体体积减小一半，这时两个水银面的高差恰好为一个大气压。波义耳的实验一直进行到两个水银面差 3 个大气压。可见他的装置是很大的。波义耳发现，定量空气的体积与压强的乘积为一常数。这就是波义耳定律。1676 年，法国科学院院士艾迪米·马略特（1620～1684 年）也独立地发现了这一规律，因此也称作波义耳—马略特定律。

波义耳是用空气做实验的。此后 100 年有不少新气体被发现，人们用这些气体进行实验，发现波义耳定律仍是正确的。波义耳曾将这条定律称作汤利定律，原因是他曾受到一位名叫理查德·汤利的英国科学家的提示，后者认为，空气的体积与压强是有关系的。

波义耳发现这条定律时刚 30 岁出头。他对化学的研究也颇有成就，他把这些研究收集在他的名著《怀疑派化学家》中。这部书是用英文写的，按惯例，有人将它译成拉丁文，因为拉丁文是当时科学界通行的语言，这样，它就流行到法、德等国家。

《怀疑派化学家》采用的是对话形式，这也是当时颇为流行的一种文体。书中代表波义耳见解的叫卡尔尼亚迪斯，支持亚里士多德的四元素说的辩者叫特米斯蒂乌斯，支持帕拉塞尔苏斯的三元素说的信奉者叫菲罗普努斯，还有一位听者叫艾莱乌特里乌斯。

当时流行的四元素说，特别是三元素说不能说明物质构造和性质的复杂性。波义耳指出，黄金是不怕火的，它不能被火分解，也不会在火的作用下产生硫、汞、盐等元素。因此应该建立新的元素理论。波义耳指出："元素应当是某些不由任何其他物质所构成的原始的和简单的物质或完全纯净的物质"，"是具有一定确定的、实在的、可觉察到的实物，它们应该是用一般化学方法不能再分解为更简单的某些实物"。实际上，在波义耳看来，元素就是物质被分解的终点。百余年后，法国化学家拉瓦锡采用了波义耳的这种观点。

波义耳做过大量的化学实验，有过许多重要的发现。有一次，他同助手一起查看新购入的盐酸质量如何，偶然把盐酸沾到紫罗兰花瓣上，发现紫蓝色变成了红色。接着他们又用各种酸进行实验，发现都发生这种现象。这是一个重要的发现，波义耳把它叫做酸的指示剂。为了找到更好的指示剂，他们又找来苔藓、五倍子、树皮、草根等东西浸入水中，对于浸剂进行实验。他们找出紫色的石蕊苔藓浸液，酸可使它变红，碱可使它变蓝。波义耳认为，用纸浸透试剂，烘干后用作指示剂，非常方便。

在浸泡五味子时，波义耳发现它同铁盐反应生成黑色溶液可用作书写墨水。他将此配方推广，生产的墨水流行了一个世纪左右。

波义耳的观察很细心。他将银溶于硝酸，加少量盐酸就产生了白色沉淀。取出沉淀物（实际上是氯化银），过一会儿它就变黑了。这就是后来在照相中使用的一种感光剂。

波义耳在科学研究上取得的成绩使他受到极大的尊重。他也一直参加“无形学院”的活动，1663 年，在“无形学院”的基础上，英王查理二世正式批准建立了伦敦皇家学会，这相当于英国科学院，波义耳当上了皇家学会委员会的委员。波义耳的助手胡克和亨利·奥尔登伯格（1618～1677 年）也曾在皇家学会任职。

由于波义耳的名望，上流社会的显贵们都以与波义耳结交为荣。波义耳也出任一些大公司的职务，如“皇家煤矿公司”董事、“东印度公司”经理，但是在担任这些职务时他仍坚持自己的科学研究。

1669 年，艾萨克·牛顿当上物理学教授时，波义耳出席了仪式。在这里有机会同一些科学家讨论化学问题，特别是他发现白磷的实验。到 1680 年，波义耳终于制得了白磷，人们也把它称作波义耳白磷。

波义耳一生身体都不好，1680 年，波义耳被选为皇家学会会长，这是一种莫大的荣誉和责任。但因健康的原因以及他讨厌宣誓仪式，他不肯去就任。他宁肯去剑桥找牛顿晤谈，或去牛津看看老朋友们，而最惬意的还是在书房里看书。

1691 年 12 月，波义耳的姐姐莱涅拉夫人去世，一星期后，波义耳也去世了，享年 64 年。按照他的遗嘱，他的遗产除了部分赠给最要好的哥哥法兰克之外，大部分作为基督教的“波义耳讲座”的基金。

显微生物学家列文虎克

17 世纪初，生物学的发展受到了技术能力方面难以克服的限制。虽然哈维假定最小的毛细血管是动脉和静脉的联结处，但是他还不能观察到这些毛细血管。为了取得进一步的进展，深入探明生物各部分的微观结构成为一种客观需要。

古希腊人已经知道，装满水的、中空的玻璃球具有一种放大作用。到 17 世纪，人们用这种知识制造出了成套的放大工具。那时，印度、非洲和南美洲的货物，从广大的荷兰殖民地输往欧洲。在荷兰，工人们从磨制印度的金刚石和宝石中发展到磨制玻璃透镜的手艺，成为当时一种卓越的技能。荷兰的玻璃透镜磨制者们做成了第一批望远镜和显微镜。今天，我们已无法确认是谁第一个制成了可用的显微镜，然而，荷兰学者安东·冯·列文虎克（1632～1723 年）对改进显微镜所作出的贡献却是举世公认的。列文虎克用自制的显微镜做出了一系列生物学发现。可以说，在 17 世纪，由于显微镜的应用，生物学知识的范围大大地扩展了。

列文虎克生于荷兰的德尔夫特，直至 90 岁逝世，他一直生活在这里。列文虎克 16 岁时失去了父亲，他也从此离开了学校，因此，他没有什么可以称道的学历。他一度在一个布店里当学徒，后来又在市政府谋得了传达员这样一个卑微的职位。

列文虎克有一种癖好，就是磨制透镜，制做显微镜，并用来进行观

察。完全靠自学，他学会了玻璃透镜的磨制及组合技能，掌握了制造显微镜的技巧。他把全部余暇都花在了这种癖好上面。他磨制的透镜非常精细，有的小到直径3毫米，可以将物体毫不变形地放大约200倍。他把透镜嵌在铜、银甚至金的金属板上，把被观察物固定在透镜一侧，往往一看就是几个小时。他还常常把被观察物固定在透镜下几个月不动，有的甚至永久地固定在那里，假如有新东西要观察，就另做一个透镜。这样，他一生共磨制了400余枚透镜。列文虎克制造的显微镜的分辨率远远超过了他的前辈们所制造的显微镜，这就使探索人们感兴趣的生物学领域成为可能。为了制造显微镜，列文虎克使用了最好的玻璃和水晶，最后甚至使用了金刚石。

列文虎克从未受过系统的自然科学教育，他无选择地在不同对象上开始了他的微观研究。他的观察没有计划，凡是使他感到好奇的，他都观察。他观察了蜜蜂的螫针、蚊子的长嘴、一种甲虫的腿，他还观察过

图5－7　列文虎克在观察

水滴、小石块、肉类、毛发、种子等。根据观察，列文虎克精确地描绘出了这些被观察物在显微镜下的形状。后来，他观察到了令人惊异的多种多样的新形态，使他越来越希望掌握生物学的专门知识，来判断他所观察到的内容，因此，他阅读了大量生物学的著作，自学了动物学的广

博知识。

大约在1675年，列文虎克在干草浸剂里观察到了微生物，他把它们称为“微动物”。他兴奋地把这一发现告诉了一位朋友，并请这位朋友一起观察这新奇的发现。他的这位朋友是医生和解剖学家德·格拉夫。德·格拉夫是英国皇家学会的通讯会员，他意识到列文虎克发现的意义，劝告列文虎克写出观察报告送给英国皇家学会。德·格拉夫还促使英国皇家学会邀请列文虎克定期报告他的观察新结果。在一份递交皇家学会的报告中，列文虎克说，他观察到“大量难以相信的各种不同的极小的活泼的物体，它们的活动相当优美，它们来回转动，也向前向一旁转动”。他还向皇家学会担保，一个粗糙的沙粒中能有一百万个这种小东西，而在一滴水中，它们还能生长和繁殖。列文虎克的发现引起了生物学界的极大兴趣，也获得了很高的评价。1680年，他被选为英国皇家学会会员，一位布商竟成了著名的英国皇家学会的外国会员之一。一生中，列文虎克向皇家学会寄送了375篇研究报告，还向法国科学院寄送了27篇。后来，他还把自己的26台显微镜馈赠给英国皇家学会。

1665年，列文虎克成功地观察到了动物活组织的毛细血管。他与另一位意大利学者共同证明了哈维对毛细血管的预言。列文虎克曾经用多种动物进行实验，1688年，他用蝌蚪的尾巴作为观察的对象，取得了更为理想的成果。他成功地使蝌蚪在水中静止不动，用显微镜进行了长时间的观察。他这样描述观察的结果：“呈现在我眼前的情景太激动人了，我从来没有为观察所见如此高兴过；因为我在不同的地方发现了50多个血液循环。在我观察时，小动物在水中静止不动，我可以随心所欲地用显微镜观察它。我不仅看到，血液在许多地方通过极其细微的血管从尾巴中央传送到边缘；而且还看到，每根血管都有弯曲部分，也就是转向处，从而把血液带回到尾巴中央，以便再传送到心脏。由此我明白了，我现在在这动物中所看到的血管和我们称为动脉与静脉的血管事实上完全是一回事；这就是说，如果它们把血液送到血管的最远端，那就称为动脉，而当它们把血液送回心脏时，则称为静脉。由此可见，一根动脉和一根静脉是同一根血管的延长。”

列文虎克还发现了使血液呈红颜色的红血球，他最早指出，这种红血球在人血和哺乳动物的血中是圆形的，而在鱼和蛙的血中是椭圆形的。

1683年，列文虎克观察到了细菌。他用显微镜观察人的牙垢，看到了一个细小的血色物体，像润湿的面粉粒那样大。当将它同纯净的雨水混合后，他惊讶地看到有许多小的活动物在活动。它们比他发现的“微动物”还要小，它们的形状、大小和运动各不相同，有的长而灵活；有的较短，像陀螺似的摆动；有的呈圆形或椭圆形，像昆虫群似的来回运动。它们看上去太小，他的显微镜还不能完全清晰地看清这些生物。大约200年后，人们才认识到这种生物是细菌。

列文虎克还有许多其他发现。他发现，蚜虫的出生无需受精，幼虫从没有受过精的雌虫身体中产生。他发现了轮虫类，并观察到当包容它们的水蒸发掉时，它们就变为干尘，但当它们重又放进水里时便复活。他还观察到，心肌是分支的，但像随意肌一样也是横纹肌。他还研究了精子、眼球晶体的构造、骨骼的构造和酵母细胞等。

为了请列文虎克用他那些奇妙的镜头进行各式各样的观察，荷兰东印度公司收集了许多亚洲的昆虫送给他。他还受到英国女皇的拜访。俄国彼得大帝到荷兰考察造船技术时，也特意访问了列文虎克，向他表示敬意。

列文虎克并不是第一个制造，也不是第一个使用显微镜的人，但他却是第一个使人们懂得用显微镜能做出什么事情的人。由于他长期勤奋的工作，第一个成功地使用了显微镜，从而建立了今天生物学的几乎所有领域的基础。

空气研究和新燃烧理论

到17世纪中期，人们对空气的认识还是很模糊的。通常，人们认为，空气是单一的气体元素，其他的各种气体不过是空气的表现形式而已。其实空气是很复杂的，是由多种气体混合而成的，其中认识得较早的是二氧化碳气。

1755年，英国化学家约瑟夫·布拉克（1728～1799年）曾做了一个实验。他把石灰石放在空气里加热，并在容器出口处连接一根管子，用管子把产生的气体引入石灰水中。当气体不断送入石灰水时，石灰水变得越来越混浊，接着又出现白色沉淀物。布拉克发现白色沉淀物就是石灰石。他用酸与石灰石进行反应，也得到了一种气体，这种气体与石灰水反应也得到同样的沉淀物。为此，布拉克把这种气体就称作“固定空气”。

后来人们还做了许多实验，以弄清“固定空气”的性质。人们发现，把蜡烛放入这种气体中马上就熄灭了，麻雀和老鼠放进去不久就窒息而死。由于它不能燃烧或帮助燃烧，所以恰好可用作灭火。把它注入饮用水中就成了“汽水”，至今我们还在享用这种爽口的饮料。

1772年，布拉克做了进一步的实验。他将木炭在一玻璃罩内燃烧，接着把其中的固定空气吸收掉。他吩咐他的学生迪耐尔·卢塞福（1749～1819年）接着进行动物实验。卢塞福把老鼠放入玻璃罩内，老鼠很快被闷死了。卢塞福设法把其中助燃的（氧）气和不助燃的固

定空气都清除掉，还剩下 4/5 的气体。他的研究表明，这种气体不助燃。他为它命名为“浊气”。有意思的是，卢塞福认为它不是空气的成分。

就在这一年，普利斯特利也做了类似的实验。他同卢塞福一样都信奉“燃素说”，他把“固定空气”称作“燃素饱和的空气”，意思是，它充满了燃素，再也不需要燃素了。因为助燃物没有燃素或燃素很少，燃烧过程中它要吸收燃素才有助燃素之功能。对于“固定空气”来说，它的燃素已经饱和了，不需要燃素了，因此也就无助燃功能了。

同一年，瑞典大化学家卡尔·威廉·舍勒（1742～1786 年）也进行了类似的实验。他把容器内的助燃成分清除干净后，剩下了 4/5 的气体。他也信奉燃素说，但他认为这剩余的气体是空气的成分。他称这种气体为“废气”或“用过的空气”。对这种气体也进行了很好的研究，并同“固定空气”进行了比较。

舍勒出生在一个贫穷的家庭，念完小学就到一个药店随一个药剂师学徒。他工作非常认真，空闲的时间就看书自学。他学习当时一些著名化学家的著作，并在自己的一个小实验室内动手做各种实验。1772 年，他就是在这里发现了“废气”。1773 年，舍勒离开这里到洛克药房去工作。这时他正在研究燃烧现象，特别是容器内燃烧过程中烧掉的 1/5 气体是什么气体和怎样才能得到它。

图 5－8　卡尔·威廉·舍勒（1742～1786 年）

舍勒回忆做过的实验：他曾加热硝石，它产生的气体会使坩埚上方的烟灰着火。那么，这种气体同空气中燃烧后剩余的气体是同一种气体吗？

舍勒做这些实验时，药房老板老是提心吊胆的，因为加热硝石太危险了，弄不好就会爆炸。有一天，老板同顾客谈生意，只见舍勒从里屋跑出来，并且大声喊着："我发现火焰空气了，我发现火焰空气了！"这激动的心情毫不亚于当年阿基米德发现测定王冠成分的方法时的激动心情。

舍勒还将"黑苦土"（一种黑锰矿）和浓硫酸放在一起加热，他用猪膀胱将产生的气体收集起来。当把无焰的木炭头放进去后，就发出了明亮的火焰。后来，他又把硝酸镁、碳酸银或碳酸汞加热，也放出了这种气体。

舍勒更感到惊讶的还要算是煅烧汞灰（氧化汞）的实验。他把红色的汞灰放在曲颈瓶内煅烧，突然汞灰不见了，它们变成亮晶晶的水银珠，他用排水集气法把气体收集起来。他发现，它们就是"火焰空气"。他把这个实验告诉了他的好朋友伯格曼（1735～1784 年）。伯格曼非常博学，并有很高的威望，但是他们都难以用燃素说加以解释。1775 年，舍勒又把他的研究写成书，并于 1777 年出版。

1774 年 8 月 1 日，普利斯特利也对汞灰做了实验，其方法稍有不同。他用一把直径达一英尺的放大镜使阳光会聚加热密闭的玻璃瓶内的汞灰。过了一会儿，汞灰受热而微微颤动，好像有气流作用。几分钟之后，汞灰中出现了一个小水银球。看着闪闪发光的水银球，他自言自语道："看来光也是燃素了。也许燃素还留在玻璃瓶内呢！"于是他把点燃的木炭头插入瓶内，木条呼呼的烧得更旺了。按他原来的思路，瓶内燃素很多，木条的火焰应熄灭。他还把老鼠放入其中，相比之下，在这种密闭的环境中，老鼠存活时间比在普通空气的环境中要多活 3～4 倍的时间。当他拿起来吸

图 5－9　约瑟夫·普利斯特利（1733～1804 年）

一口这种气体时，觉得非常舒畅，简直是一种很好的享受。由于普利斯特利坚持燃素说，用燃素观点去解释这种现象，他还把它称作“脱燃素空气”。

由此可见，舍勒和普利斯特利都独自发现了氧气，他们分别称之为“火焰空气”、“脱燃素空气”，但是，它们的解释是错误的。

在法国也有人做类似的实验，这就是安东尼·拉瓦锡（1743～1794年）。拉瓦锡出生在一个名律师的家庭，受过良好的教育。他对地质学和化学都有浓厚的兴趣。1769年，他当选为法国科学院院士。1778年，他又当了有薪俸的院士。这一年他还当上了税务官员，以后又担任了火药和硝石的监督官。法国大革命时，他因为是旧税务官员而被捕。有一种激进的说法的是，“共和国不需要科学家”，为此，在1794年他被送上了断头台。

图5－10　安东尼·拉瓦锡（1743～1794年）

拉瓦锡的研究工作的一个重要的特点，就是十分重视定量实验。他的主要工具是天平。1774年，拉瓦锡做了有关煅烧锡和铅的实验。实验中，他先把锡或铅封闭在曲颈瓶中，而后称下它们的质量之和。经过反复煅烧，金属变成了灰。他发现，加热前后的总质量并无变化。

金属变成灰很容易，但从灰中提炼出金属就不容易了。正当他遇到困难时，普利斯特利于1774年10月份来到巴黎，并把他在8月1日的实验中分解出“脱燃素空气”的情况告诉了拉瓦锡。说者无心，可听者有意。拉瓦锡听完普利斯特利的分解汞灰的实验后，马上就回实验室动手重复进行这个实验。

拉瓦锡把分解汞灰得到的气体叫做“有用空气”。在对实验结果进行解释时，拉瓦锡完全否认了燃素说。他认为，燃烧成煅烧现象是物质与“有用空气”的反应过程。

1775年，拉瓦锡到火药硝石管理局任经理。拉瓦锡因工作需要对制作火药的原料进行研究。他发现硝酸和硝石中都含有“有用空气”，并进一步发现硫、磷、炭燃烧后，其产物都具有酸性。1777年，拉瓦锡正式把“有用空气”命名为“Oxygene”，意思是“成酸的元素”。早期的中文译名为“养气”，意思是“有营养的元素”；后来进行规范化，因为它是气体，就写作“氧”。

1777年，拉瓦锡向科学院提出了有关燃烧研究的报告，并发表了《燃烧概论》一书。他把氧同燃烧现象联系起来，得出了四点结论：

① 燃烧时放出光和热；

② 只有氧气参与时，物质才能燃烧；

③ 空气由两种成分构成；

④ 易燃物质（非金属）燃烧产物通常都变为酸，氧是酸的本质，一切酸都含有氧元素；金属的煅灰也是一种氧化物。

氧化学说的建立彻底推翻了统治化学长达百年的燃素说。

1756年，俄国科学家罗蒙诺索夫也进行了密闭玻璃容器内煅烧金属的实验。他发现金属煅烧后增重的现象。他认为，增重部分来自空气，这是金属吸收空气的结果。

1807年，德国的东方语言学家H.J.克拉普罗特曾经提出一个报告。他介绍了一本8世纪时中国人的著作——《平龙认》，作者叫马和（译音，也有译作毛华）。这本书可能是一本介绍风水的书。作者认为，大气由阴阳二气构成，阴气可用阳的变化物（如金属、硫磺、大炭等）提取出来，而燃烧就是阳的变化物同大气中的阴性成分混合而成混合物的过程。另外，马和还认为，阴气是不纯净的，可以从加热的青石、火硝、黑炭石中获得。更为有趣的是，马和认为，水中也有阴气，由于它同阳气紧密结合而难以分解。由此可见，如果马和其

人和《平龙认》其书都是真的，差不多就可以断定，氧气的最早发现就是中国人了。

舍勒、普利斯特利和拉瓦锡为了氧气发现的优先权争得面红耳赤，但他们大概未曾想到，一位中国术士已于1000年前发现了氧气。

免疫法的发现

几千年来，人类一直在研究疾病问题，疾病同生活过程联系在一起，它又是与正常生活相矛盾的生物学现象。传染病，尤其是天花，危害特别大。18世纪，天花频频流行，天花患者的死亡率高达10%。1713年，巴黎有2万人死于天花；1753年，意大利都灵有3.1万人死于天花；1794年到1796年，德国北部和东部约有20万人死于天花。而那些染病后的幸存者也大都变成了麻子。天花所引起的脓疱留下了一个个带皱褶的凹痕，病情严重者会遍布全身。许多人对这种疤痕谈虎色变，甚至认为与其变成麻子，还不如死去。天花并不择人而染。乔治·华盛顿在1751年患天花，他虽然没有因此丧生，却从此变成了麻子。1774年，法国国王路易十五死于天花。事实上，在那时，没有麻子的人是很少见的，没有麻子的女人，就被认为是美丽的了。那时，每个人都要出一次天花，尚未出过天花的人只要接触天花重病者，就很容易被传染。但只要患过一次，病人就获得了免疫，以后再接触天花患者，也不会被传染了。

一种广为流行又危害甚烈的疾病，总是引起医生和许多其他人的注意。天花患者的病情有的极其严重，有的却十分轻微。因此，人们希望尽可能早地在幼年就感染上轻微型的天花，以便能获得免疫性。我国在16世纪发明了人痘接种术，即故意让人感染轻微的天花，从而获得免疫，到17世纪此方法推广到全国，有效地保障了我国儿童的健康。这一做法引起其他国家的注意和仿效。1688年，俄国首先派医生到我国学习种痘

术。18世纪，我国的种痘术由俄国传入土尔其。英国驻土耳其大使夫人玛丽·沃特利·蒙塔克（1689～1762年）在君士坦丁堡看到当地人为孩子种痘预防天花，效果很好，大胆地为她的儿子种了人痘，获得成功。蒙塔克夫人返英后，大力提倡种痘，使人痘接种术在英国流传起来，后又传到欧洲各国和印度。18世纪，人痘接种术还传到日本。

然而，人痘接种有一定的危险性。如此故意引起的疾病，也要经历通常的发病过程，有时接种者的疾病发病会十分剧烈，也可能导致死亡。另外，在接种过程中，还可能传染其他疾病。死亡事件，危重病人和大块疤痕都不能避免，这就要求一种更好的免疫方法来预防天花。英国医生爱德华·琴纳（1749～1823年）成功地解决了这一问题，他发现接种牛痘苗可以预防天花，并于1796年试验成功。

琴纳出生于英国格洛斯特郡的一个小村落里，父亲是一位牧师。琴纳兴趣广泛，博学多才，研究过地理，善长诗文，娴于乐器，喜爱鸟雀，还会制作气球。20岁时，琴纳开始学医，他曾到伦敦跟随英国当时最有

图5－11　爱德华·琴纳
（1749～1823年）

名的医学家约翰·亨特（1728～1793年）学习。亨特做过大量生理学实验，还曾经勇敢地在自己身上进行实验。他写过两部有影响的医学专著，一部是关于牙齿的，另一部是研究炎症的。亨特对琴纳产生了深刻的影响，以后他们之间保持了终生的友谊。正是在亨特那里，琴纳熟悉了接种疫苗预防天花的方法。学习结束后，琴纳回到了故乡，1775年，他在家乡开办了一家医院，开始了他作为一名乡村医生的生涯。不久，他就对防治天花产生了兴趣。

琴纳了解接种天花的危险性，但也看到有些人在种痘后并没有出天花。经过广泛调查，琴纳发现，那些种痘后未出天花的人都是已经在接种之前得过牛痘的人。琴纳想，在他的家乡，农民中流传着这样一种说法，牛痘既可以传染给牛，也可以传染给人，而牛痘和天花只要患过其中一种，就不会再患另一种了。自古以来，一直有挤奶姑娘漂亮的说法。当时在法国，挤奶姑娘和牧牛姑娘出场的戏是很受观众欢迎的，因为她们没有麻子，被公认是漂亮的。这是不是因为她们都与牛接触，染过牛痘，从而避免了患天花呢?

琴纳开始对家畜进行细致观察。他发现有一种叫“水疕病”的马病，马得了这种病，脚踝肿，并出现水疱。在马棚或农家庭院劳动的人，常常给马擦洗完水疱后，又去照料奶牛，结果奶牛很快就患了牛痘。不久，这些农人身上也会出现一些疱疹，但多半长在接触过牛的手上，决不会出现在脸上。琴纳由此认为，水疕病、牛痘都是天花的一种。他推想，这种病在动物体内通过后会显著变弱。人手上染上牛痘后，就不再担心患天花了。经过20年对天花、牛痘关系的系统观察和对比，琴纳得出两个结论：第一，不能对人接种危险的天花和痘苗，而只能接种不危险的牛痘疫苗，以达到免疫；第二，牛痘苗可以由一个人传给另一个人。

1796年5月，琴纳抱着对自己理论的充分自信，冒险进行人体实验。他物色到了一位患了牛痘的挤奶姑娘，取出她手上牛痘疱疹中的浆液，接种到一个儿童身上。两个月后，他再一次给那个儿童接种，不过这一次种的是天花浆液。结果儿童没有感染上天花，他确实获得了免疫力。为了慎重起见，琴纳想再重复一次这个实验。为了找到一位明显的牛痘患者，他等了两年。1798年，重复实验也获得了成功。琴纳这才发表了自己的研究报告，从而向全世界宣布，天花是可以征服的。

琴纳的研究成果刚宣布时遭到了冷遇。琴纳说："当我对牛痘这个重要问题的观点最初公布时，甚至最开明的医生也抱怀疑态度。而这种态度是值得称赞的。没有经过极其严格的考验，就接受这么新奇而又异乎寻常、在医学刊物上从未见过的学说，那将是轻率的。"博学而傲慢的皇家学会会员们不相信一个乡村医生能够防止天花的流行。还有些人幼稚地认为，种牛痘的人会像牛那样生长尾巴和牛角，或者会和牛一样有动物粗野的特性。

琴纳没有放弃自己的工作，他继续为人种痘，继续研究。种痘的方法在不断传播，而天花发病和死亡事件也在不断减少。琴纳仔细研究那些种痘失败的例子。他认为，种痘而未对天花提供免疫力，是所用牛痘疫苗的问题，牛痘疫苗只有发展到一定程度才具有免疫性。

种痘的效果很快显示出来，英国皇室的人也接受种痘了。为了鼓励种痘，1803年成立了皇家琴纳协会，由琴纳任会长，天花所引起的死亡，在18个月内减少了2/3。1807年，德国巴伐利亚州实行义务种痘制，其他各国随之仿效。

由于种痘，天花现在已经变成了一种不常见的疾病。一些国家已经开始不种牛痘了。但是，当天花从一些落后地区传播出来时，只要在某一城市发现一例天花患者，就要给这个城市的全体居民种牛痘，使天花的流行得到控制。

琴纳使人类战胜了天花。他的工作的重要意义还在于，他发现了预防疾病的一种有效方法，他是人类历史上最早成功地对疾病进行预防的人。他利用可以产生免疫性这一人体自身的机能，实现了对疾病的预防，发现了免疫法，为免疫学奠定了基础。现在，医生将活病原体进行减毒，使它们不能引起疾病，但能在人体内激发产生某种抗体，从而获得对某种危险疾病的免疫功能。减毒的活病原体称为疫苗。接种疫苗可预防小儿麻痹症、黄热病、伤寒等疾病。琴纳的工作向人类揭示，总有一天，一切传染病都将得到预防。

中 俄 篇

“束水攻沙”，千古奇策

黄河九曲万里沙

浪淘风簸自天涯

这是唐代诗人刘禹锡的诗句。可以想见，滚滚黄河流注中原、汇入大海的气势不凡。可是，万里沙流肆意为虐，为害千年，历朝各代都要派专员花费巨资进行治理。

自东汉王景（30～83年）治理，黄河安流800年，这可以说是治黄历史上的奇迹。到元顺帝时期，黄河灾情严重，甚至危害到元朝统治。山西高平的贾鲁（字友恒，1297～1353年）受命治理。他认为，除了堵塞黄河决口，还要疏浚下游河道，并且使黄河回归故道。他率20万河工，奋战190天，修筑堤防700余里，使黄河沿旧河道东流入海。元顺帝为贾鲁加官进爵之后，又为他建“平河碑”，记录贾鲁的治河功绩。

明代治黄也是人才济济，其中万历年间的水利专家潘季驯（字时良，1521～1595年）是一位杰出的治黄名家。

明初，朝廷为了保证京杭运河的运输，对黄河进行分流，对下游流域十分不利。到嘉靖和隆庆年间，潘季驯提出了一些较好的治河方案，但是未能很好地加以贯彻和实施。万历年间，张居正主持朝政，起用潘季驯。

经过长期的研究和实践，潘季驯系统地提出了他的治河理论，这就是束水攻沙。黄河泥沙淤积堵塞河道，迫使河流改道。为了防止这种危

图 6－1　潘季驯
(1521～1595 年)

图 6－2　潘季驯黄河踏勘图

害，他认为，应“筑堤束水，以水攻沙”。这一思想贯彻潘季驯近 30 年的治河实践中，并取得了很大的成就。万历十八年（1590 年），这位七旬老人辑成《河防一览》（14 卷，29 万字），除了对古代治河经验加以继承，也体现了他的治黄思想和措施。它集中体现了中国 16 世纪河工水平和水利科学技术水平。它迄今已有 400 多年了，但是对现代治黄工程仍有重要参考意义。20 世纪 30 年代，德国著名水利专家、世界水工实验开创者 H. 恩格斯教授认为，潘季驯的治河理论非常合理，给予了高度评价。

到清代康熙年间，黄河河性日坏，汛期一到，泛滥如泽国，像猛兽一般吞食百姓与财产，下游地区满目凄凉，真是“万户萧疏鬼唱歌”。

俗话说，时势造英雄。明崇祯十年（1637年），浙江钱塘（今杭州市）的一位知识分子家庭生下一个小男孩，看上去也很平常。稍大些也像有钱人家的孩子一样，进私塾念四书五经，为以后的科举考试打基础。不过，这位少年似乎对这些经书并不十分好学，却留意于课外书。有一次，他看了徐霞客（1587～1641年）的《徐霞客游记》，真是爱不释手。他把此书看了一遍又一遍，对徐霞客为求知而遍游天下很有感触。特别是为了考察长江源头，徐霞客不顾险阻，克服万难，纠正了岷江为长江源头的说法，并且得出金沙江为长江源头的正确结论。这位少年每读至此，总有“男儿在世，理应如此”的慨叹，恨不早生几十年，随徐霞客遍游天下，考察长江。

这位少年就是献身治黄的陈潢。

陈潢字天一，少年常有“经世致用之志”。他十分注意钻研农田水利方面的学问，特别是对历代治河理论用心甚苦。这些对他热衷的科举考试并无助益，况且“名落孙山”的滋味也不好受，渐渐地他对科举也就不那么用心了。

陈潢为人正直，性情恬淡，并且慷慨好施。康熙十年（1671年），他北上京师寻访知己，不遇，就到黄河进行考察。他沿黄河溯流而上步行直进，一直到了宁夏的河套地区。他看到两岸树木砍尽，土质松散，水土流失严重。当洪水一来，下游泛滥，防不胜防。不过，一个普通百姓，空有一腔热情，又能怎么样呢?!

在归家的途中，陈潢走到邯郸的吕（洞宾）祖祠，就在粉墙上题写诗句，以排解心中的郁闷情绪。

四十年中公与侯，
虽然是梦也风流。

我今落魄邯郸道，
要替先生借枕头。

陈潢此诗借助“枕中黄粱”或“黄粱一梦”的著名典故（这个典故与吕洞宾有关），来表达自己难以施展抱负的心情。

书者随意，可观者之中却有留意之人。当时安徽巡抚靳辅（1633～1692 年）赴任途中也来吕祖祠观光。陈潢的诗使他有所触动，如此热血青年，如此远大抱负，不为我朝所用，岂不可惜。正好此时靳辅要聘请幕客（谋士），还未找到合适的人选。为此，靳辅派人巡访此人。

找到陈潢之后，靳辅设酒宴款待。席间，二人谈得很投机，靳辅对陈潢治河研究大加赞赏，鼓励他继续研究，以造福桑梓。

幕客之职是无官衔的，陈潢并不介意。在安徽，陈潢对河网建设出谋划策，保证了当地六畜兴旺，五谷丰登，一时间靳辅的政绩远播千里。任期六年内，康熙提拔靳辅为河道总督。

黄河为患，造成的损失之巨，成了康熙的心病。据说，治理黄河是康熙首要处理的三件大事之一。康熙的任命说明他十分看重靳辅在皖的治水政绩。

开始，靳辅对河道总督一职并无信心，因为在他前面的几任总督都未成功，特别是江苏和河南的河道决口严重。治理黄河，谈何容易，弄不好会误了自己的前程。但是，陈潢对靳辅的新任命不但高兴，而且满怀信心，这正是自己得以一展鸿图的好机会。他对靳辅说道：“治理黄河，为国为民，上合圣意，下得民心，是大好事情。况且大禹之后，历代为河事建功立业者多有贤者。他们创立许多成熟的经验，只要细心体察，大可为我等所用。”

靳辅又问治黄之关键，陈潢答道：“河的形状古今多有变化，但是水流的特性和规律是不变的。千百年来，治河功绩比不上禹；而懂得治水道理者，比不上孟子。”孟子说过：“禹之治水，是顺水之性也。”为此，

陈潢认为，“要按水流规律办事”。陈潢还对靳辅谈到，要对黄河流域全面踏勘，掌握第一手的材料，再审时度势，细心筹划。

陈潢很重视考察黄河水势的具体变化，甚至对于黄河决口，并不急于堵口，而是忙于调查。有人不解地问陈潢：“你如此地精通水利，还调查什么呢?”陈潢说：“从书中固然能学到不少东西，但是水情总是变化的，如果生套别人的经验，只会导致失败。”陈潢调查水情非常仔细，甚至在大雨瓢泼之时还驾船外出测量水情变化。

图 6－3 陈潢驾小舟调查险滩水势的变化

明朝潘季驯的治河理论对陈潢影响很大。为了实施“筑堤束水，以水攻沙”，潘季驯注意黄河的“合流”，尽量集中水量，提高流速，有效地借水力把泥沙冲入大海。潘季驯之后，人们都遵此法，把治黄重点放在合流上。

到康熙之间，由于战争，黄河多年失修，决口太多，使黄河合流已不现实。陈潢全面地调查了水情之后，对河性了解较深。尽管他重视潘季驯的理论，并且认为从长远来说应束水攻沙，但是燃眉之急不宜合流，为了减轻堵口处的压力应进行分流。

陈潢的措施十分有力，十年治黄，大见成效。在后来的 50 年间，黄河未出现大决口。在清朝 267 年的统治期间，这是治理黄河取得的最大成功。这不但使下游人民安居乐业，五业兴旺，而且一度中断的京杭大运河又恢复了交通。

陈潢对黄河的河性了解得非常透彻。有一次汛期来临，在淮安黄河决口，水势迅猛，形成了特大洪水。靳辅等人非常惊慌，他们一起去察看水情。看过之后，靳辅认为应尽快组织堵口。陈潢则不慌不忙地提出不同的见解。他认为，应设法在下游开道，引黄入海。几天之后，这里的决口就会自动淤塞。几天后，决口果然堵住了。许多人不明其道理。陈潢解释道："这里有许多高岗土丘，水在此泄不出去，因此冲开了口子。等水势变弱后，水就会流回来了。而流速减下来后，水中的泥沙就淤积在决口处，它不就自行堵塞了！"听了陈潢的解释，人们都对他的神机妙算佩服得五体投地。

陈潢治河可谓劳苦功高，靳辅屡次向康熙奏本，为陈潢请功。但是，康熙对这个小人物并不赏识。后来，康熙于二十三年（1684 年）巡视黄河时，对靳辅治黄功劳大加赞赏。靳辅趁此机会再次向康熙推荐陈潢，康熙才恩准给陈潢一个"佥（qiān）事道"的空头官衔。

陈潢对功名富贵并没有多大兴趣，他一心扑在治黄事业上。经过长期的实践和研究，他认为，堵口、攻沙、泄洪等措施都是治标，治黄要治本。不难认识到，上游的水土流失是黄河为患的根源。为此，陈潢提出了全面治理黄河的计划。但是康熙对此并无兴趣。尽管如此，靳辅和陈潢并不灰心，他们积极地筹措资金。他们从安徽招来一些贫苦农民到黄泛区垦荒种田，并且向他们收取税金。这种办法叫屯田。

屯田的办法很好，但是一些地方官员和土豪见有利可图，纷纷仗势在屯田区抢占土地。这使政府的屯田收入大为减少，并且使治黄经费的筹措成为泡影。靳辅和陈潢非常着急，他们也想制止这种抢占行为。但是这些人与朝廷的官员相互勾结，有人参劾（hé）靳辅等人。康熙二十七年（1688 年），康熙不辨是非曲直，将靳辅革职，并把陈潢押解京城候审。陈潢到京城后，因悲愤交加，而积郁成疾。虽然后来康熙知道冤枉

了靳、陈二人，但是为时已晚，陈潢已含恨于九泉了。

陈潢是一位杰出的平民治河专家，他协助靳辅治黄达十年之久，积累了丰富的经验。他以靳辅的名义编写了《治河方略》和《河防述言》等10余篇治河专论，在治黄史上名垂千古。

“西学东渐”说利翁

说到宗教，中国土生土长的只有道教。世界上有三大宗教，就是佛教、伊斯兰教和基督教。这三大宗教都先后传入中国，其中基督教较晚。基督教又一分为三：天主教、东正教和新教（中国人也将新教特指为耶稣教）。最先传入中国的基督教派是天主教，它也称作罗马公教或加特力教。

天主教传入中国，最早是元代，但是后来又中断了。明代初叶和中叶，朝廷仍禁止天主教的传播。然而，到了明末出现了转机。天主教再度东来，逐渐在东土扎下了根。

最早来华传教的教士是利玛窦（1552～1610年），他是天主教耶稣会派来传教的。利玛窦是他的中文名字，原名是玛太奥·里奇。按照中国的习惯，他还字西泰，号清泰、西江、大西域山人、利山人、西泰子。

利玛窦是意大利人。少时的利玛窦很是聪明，十几岁时就想投身宗教事业，并进了教会学校学习神学。利玛窦的父亲曾希望他学习科学，把他送到罗马去学习。19岁时，利玛窦曾向父亲表明献身宗教事业的决心，并且准备加入耶稣会。父亲本准备前去劝说，但是由于生病，三次都未成行。父亲认为，这大概是上帝的旨意，只得作罢，并且复信表示尊重利玛窦的选择。

利玛窦的学习十分认真，加上他的天赋很好，各科成绩都是优良。经过几年的学习，他产生了到东方传教的想法，并且向耶稣会长提出了

要求。1577年，葡萄牙国王批准了利玛窦的要求，并且给予资助。第二年，利玛窦乘船去东亚。先是在印度的果阿工作，后来由于意大利传教士罗明坚（？～1667年，1581年来华）的请求才到了澳门。到澳门后，利玛窦开始学习汉语和了解中国。1583年，罗明坚带着利玛窦到广东肇庆，在此之前罗明坚曾到过广东的一些地方。他们表示，十分仰慕中国政治昌明。当时广东肇庆的知府王泮接见了他们，并为他们建教堂。

图6－4　利玛窦（1552～1610年）

1588年，罗明坚返欧，请求教皇再派人到中国。这时，利玛窦主持传教的工作。1589年，利玛窦又转到广东韶州（今韶关市），这里成了他们传教的第二个地点。利玛窦的传教工作开展得很顺利，原因是利玛窦同中国的知识分子保持着良好的关系，并请他们讲解经文；同地方官员也保持着良好的关系，使传教工作得到了保障。所以能保持良好的关系，还因为利玛窦向中国人介绍了不少的科学知识。例如介绍西方数学和天文学知识，并且刻印世界地图介绍地理学知识。他刻印的地图也很迎合中国人的心态，因为中国的含意是“中央之国”，理应位于世界的中心，于是利玛窦便把中国的位置放在地图的中心，以满足中国人的要求。利玛窦还向中国人馈赠三棱镜。由于缺乏物理知识，国人误认为这是一种“无价的宝石”。不过，利玛窦带来的天文仪器、三棱镜和世界地图的确使中国人大开了眼界。一些开明的知识分子特别欢迎利玛窦带来的科学知识，只要这些知识于国有利，就没有排斥的必要。这样，许多知识分子都愿意同利玛窦交朋友，进而成为教徒。

1594年，教会派来郭居静协助利玛窦。次年，利玛窦决心继续北上。这时的利玛窦更了解了中国的国情。本来他和别的教士都身着僧服来传教。这时他决定脱去僧服而着儒服来传教，以迎合中国知识分子的口味。利玛窦又先后到南昌、南京传教。这时，教会又派来更多的传教士，如意大利的龙华民、葡萄牙的苏如望和罗如望、西班牙的庞迪我（1571～1618年，1599年来华）等人，其中有的传教士是懂科学的。

1598年，利玛窦和郭居静一起到北京"进贡"，但是失败了；1600年，再度同庞迪我一起来京"进贡"，通过太监把"贡品"送入内廷。万历皇帝对贡品很有兴趣，特别是两座时钟和西洋琴，被视为天下奇物。他很喜欢听庞迪我演奏这种琴。然而，奇怪的是，万历皇帝并不召见两位传教士，只是让画师"画影图形"，只见画中人。不过，皇帝恩准留居京师，这对利玛窦传教是大为有利的。在此之前，信天主教的不过百余人；留居京师几年后，就达2000多人（1608年），甚至官员和儒士中也有了教徒。

许多教徒对利玛窦的科学知识的兴趣更胜于他宣讲的教义。最早向利玛窦学习数学的是瞿汝夔，此人不慕功名，喜欢炼丹术。见到利玛窦仍想向利玛窦学炼丹术。而利玛窦劝他转向科学。瞿汝夔从利玛窦这里学到了欧几里德几何学之类的知识，并且把这些知识译为汉语，在朋友中传阅。他还翻译了《几何原本》，但是未刊印出来。不过他是第一位翻译西方笔算方法和欧氏几何的人。后来利玛窦和徐光启合作翻译了不少西方数学著作。

利玛窦带来的天文仪器也引起了中国人的很大兴趣，部分仪器送给了中国的一些官员。利玛窦还同李之藻（1565～1630年）合作翻译了西方天文著作，如《乾坤体义》、《经天该》等，并且用天体数学解释了一些中国天文学理论，这对中国天文学的发展具有一定意义。特别是利玛窦传入的天文知识是比较先进的。经过比较，徐光启等人大胆地采用了不少西方天文学的数据和方法，对我国传统历法进行了大胆的改革。

地图则更加引起中国人的好奇和兴趣。最早的《万国全图》是中国人见到的第一张世界地图。25年间（1584～1608年），它被不断翻印和摹绘达12次，流传极广。后来，利玛窦还传入多种地图（册），如《世界图志》（1595年）、《舆地全图》（1600年）、《坤舆万国全图》（1602年）等10余种。这些地图使中国人了解到许多新知识，如大地为球形、地图投影方法、地球上的海陆分布，介绍世界其他国家的知识等。

利玛窦的传教活动，并未使中国人的宗教信仰有很大的变化，但是它毕竟大大丰富了中国人宗教生活的内容。其实这种宗教并不可怕，西方许多现代科学家也都信仰基督教，这并不影响他们在科学上作出积极的贡献。

利玛窦传入中国的许多科学知识都是第一次为国人所知，引起中国知识分子的佩服。徐光启就盛赞他是“海内博物通达君子”。但是，利玛窦来华也了解到中国的科学文化和生活习俗，如中国的茶叶和饮茶法、中国漆。他翻译了拉丁文的《四书》，并且绘制了第一张标有经纬标度的中国地图等。他把这些都介绍给欧洲人，为中西文化交流做出了巨大的贡献。

多才多艺的汤若望

利玛窦去世后，西方传教士的传教工作一度受挫，一些官员力主驱逐传教士，万历皇帝采纳了这些主张。1617年，驱逐了一些传教士回澳门。万历去世后，1622年，这些人再度发难，并且直指徐光启。这时中国多年使用的《大统历》屡屡发生错误，应该改订这部历法了。徐光启认识到西方天文学在编制新历法中的重要价值，因此竭力推荐一些传教士参加编历工作。

参加编历工作的有一位德国传教士，名叫汤若望（1592～1666年）。他的本名叫J. A. S. 冯·贝尔，出生在德国科隆市的一个天主教家庭。他于19岁加入耶稣会，后来又进入罗马学院研究了4年神学，同时也学习自然科学的课程。1616年，汤若望希望去印度或中国传教，1617年，他成了神父。

汤若望的科学素质很好，他是罗马林赛研究院院士（伽利略也是该院院士）。当时与他同来中国传教的邓玉函［邓玉函的名次排在第7位，在伽利略（第6位）之后］和罗雅谷（意大利人，1593～1638年，1618年来华）也是该院院士。

1618年，法国传教士金尼阁（1577～1638年，1610年来华）率22位传教士来华传教，其中就有汤若望、邓玉函、罗雅谷等人。他们来华是为了实现利玛窦的计划，利用西法改进明代的历法，借此来加强传教士在华的地位。金尼阁就是龙华民派欧洲动员教士来华传教的。邓玉函、罗雅谷、汤若望等人都是懂历法的专家，徐光启也很看重这些专家。然而，谁来主持编历工作，争论很激烈。1629 年 6 月 21 日的日食作出了决断。通过比较，西洋的方法应验了，其他的都有较大的误差。这促使崇祯皇帝接受徐光启的建议，任用邓玉函主持修历工作。邓去世（1630 年）后，又起用了罗雅谷和汤若望。1633 年，徐光启去世；1638 年，罗雅谷去世。编历工作就主要由汤若望来主持。

1644 年，李自成攻陷北京城，明朝灭亡。汤若望仍坚守钦天监的岗位。清军占领北京城后，汤若望向摄政王多尔衮（gǔn，滚）建议，保护天文仪器和印刷《崇祯历书》的书版。

像崇祯皇帝一样，顺治皇帝得知，顺治元年有一次日食，便命三派人物各自算出日食发生的时刻。结果“旧法《大统历》差二刻，《回回历》差四刻”，也就是分别差半小时和一小时，独汤若望使用西法没有误差。因此，顺治皇帝也起用汤若望主持编历工作。

由于《崇祯历书》已编订完毕，汤若望便依据西方天文学理论对它进行了若干修改。又由于这是明朝时编纂的，对于名称也进行了更改，称《西洋新法历书》。

新历编订完毕后，顺治命人进行学习和研究。更重要的是，顺治对汤若望倍加恩宠，不断加官进爵，并对他很尊敬，称他为“玛法”（满文是“神父”的意思）而不呼其名。在 1656～1657 年的两年间，顺治曾亲访汤若望的馆舍达 24 次。他们之间的谈话就像朋友一样，一起讨论日食和月食、流星和彗星以及物理问题。汤若望也像东方人的坐法一样——盘腿而坐；时间久了，两腿麻木，顺治就帮他站起来。汤若望也常到宫里与顺治交谈。当汤若望告辞时，顺治还送他到宫门口，看着汤若望走远了才回去。有时顺治躺在床上，想起了一个问题就传唤汤若望到寝殿。汤若望坐在床边同顺治交谈。如此友好，这对传教工作极为有利。明朝时，汤若望就在宫中做弥撒，这时，中国人入教者就更多了。

尽管汤若望官运亨通，他的成功也遭到许多中国官员的忌恨。特别是汤若望在编历时纯用西法，许多汉人很不以为然，而且他又取消编纂回回历的人员编制，更激怒了这些人。对汤若望的攻击，最典型的是杨光先，他拟定了汤若望的三大罪状。他的“信条”是，“宁可使中夏（中国）无好历法，不可使中夏有西洋人”。

顺治去世后，康熙年幼，杨光先才得逞。这时，汤若望已上了年纪，说话也大不如前，无法辩解。汤若望、南怀仁（1623～1688年，比利时传教士，1659年来华）、利类思（1606～1682年，意大利传教士，1637年来华）和安文思（1609～1677年，葡萄牙人，1640年来华）被捕入狱，此外还有在钦天监工作的5名中国天主教徒也一起被捕。1665年，将这些人判为死刑。也是老天有眼，正将处死之际，京城发生了地震，宫中又起了火，就请太皇太后（即顺治帝的母亲）定夺。太皇太后赦免了4位传教士，但5名中国人依旧处死。多数传教士被遣送至澳门。第二年，汤若望也因病和惊吓而故去。

汤若望去世后，南怀仁、利类思和安文思居住在东堂（东安门外八面槽路东）。1668年，康熙派人去东堂，问他们是否通晓历算。利类思回答，他和安文思略知一二，南怀仁较精通。第二天，南怀仁就被宣至宫中谈论历法的事情。第二年春，康熙宣布，钦天监的三派人物不必记仇，而应“孰者为是，即当遵行。非者更改，务须实心，将天文历法详定，以成至善之法”。为此，康熙还设计了一个实验：测算正午的时刻，结果杨光先“不知推算”；坚持回回历的吴明烜（xuǎn，选）“逐款皆错”；独南怀仁“逐款皆符”。这说明康熙断案既公平又科学。接着，康熙为冤死者平反，并且下令把逐走的懂历法的传教士“起送至京”。

除了参与编纂历法工作，汤若望还参与了朝廷的许多工作。在明朝时，汤若望曾奉旨建厂铸造大炮，两年铸成20门，这些炮使明军的战斗力有了显著的改善。在铸炮的同时，他还与别人合作编译了有关火器的著作。汤若望在京师筹办了一所图书馆。他也曾著译《远镜说》（1626年），介绍伽利略望远镜的结构、制造方法和用法，这是中国出版的第一部有关望远镜的专著。

值得注意的是，汤若望在接受钦天监监正之职时，声明不涉及有关迷信的活动，而只进行科学的研究。虽然科学只是汤若望传教的一种手段，但是汤若望的研究很刻苦，并且同欧洲保持着学术上的联系，使自己的学识不断充实和更新。尽管汤若望去世时受到不公正的待遇，但是他在临终之时还深刻检讨自己的过失，并且乞求别人的宽恕。

徐光启与《农政全书》

在上海徐家汇附近，有一座南丹公园（1984 年，上海市政府更名为光启公园）。园中有一座墓地，墓前面矗立着一尊雕像，上书“徐光启像”。人们凭吊这一代宗师，不禁想起他的种种事迹……

徐光启，字子先，号玄扈，于明朝嘉靖四十一年（1562 年）生于南直隶松江府上海县城内太卿坊（今上海市南市区乔家路）。这一年是明朝政治颇为动荡的一年，奸相严嵩被罢了官，4 年后又被抄了家。

徐光启的家庭是一个普通的家庭。曾祖父是一个农民。祖父弃农经商，家里富裕了起来。父亲不善经营，再加上倭寇屡次进犯，家道中落。这样，父亲索性务农去了。尽管家境不好，家里还是让 7 岁的徐光启进了设在龙华寺附近的村学。

少时的徐光启是很调皮的。他当时经常上龙华寺的古塔上掏鸽子窝。有一次，他失足从塔顶掉了下来。大家都吓得惊叫起来而不知所措，徐光启爬起来，却若无其事地对手中的鸽子说：“你还想飞到塔顶上吗？为了逮你，我费了好几天的心思呢!”他还常在塔顶上玩耍，与飞雀共欢。冬天下大雪，他就和同伴一起打雪仗。有时还爬到新筑的城墙上极目远望，欣赏宽阔的黄埔江面。

虽然淘气，徐光启还是很懂事的。小小年纪就帮助父亲干些农活，并逐渐对农活发生了兴趣。闲时，他也爱听父母讲故事，故事内容大多是平定倭寇的事迹。父亲讲故事时还讲解一些攻守方略的知识。

父亲喜欢谈兵，并收藏了不少的兵书。课余之时，徐光启也喜欢读这些书。后来，朝廷命他操练兵马，他的这些军事学知识便有了用场。不过母亲并不鼓励他学习军事，而是像别的家长一样，教育他好好读儒家经典。

20岁时，徐光启穿着母亲为他缝制的新布衫，自己挑着行李去参加考试，结果考中了秀才。当时的秀才已有一定的社会地位，可以享受官府发放的少许津贴和别的优待。由于当上了秀才，徐光启就有资格开馆授徒，借此也可以有些收入，以贴家用。

既然考上了秀才，徐光启就有了参加科举考试的资格。通常科举考试分为三级：三年一次的“乡试”，也称“大比”，因在秋季开考，又称“秋闱（wéi，考场）”，录取后就可称呼“举人”；乡试的第二年春天在京师举行“会试”，也称“春闱”，由礼部主持，录取者称“进士”；进士还要参加皇帝主持的“殿试”，也称“廷试”，由此分出等级和名次，前三名分别为“状元”（第一名）、“榜眼”（第二名）和“探花”（第三名）。

徐光启中秀才（万历九年、1581年）的第二年恰逢乡试，他就去参加考试。接着又是5次乡试才得中举人（1597年）。从秀才到举人经历了16年的漫长岁月。这期间除了一点儿秀才津贴，徐光启主要靠教书得到一点儿收入，家境十分贫寒。当时像他这样的私塾老师很多，为谋生他不得已于1595年远涉广东韶州（今韶关市）去教学生。

在韶州教书，由于是单身一人，闲暇较多。有一次他到韶州护城河散步，他发现这里有一座洋住宅。出于好奇，便上前敲门拜访。在这里结识了一位意大利传教士，名叫郭居静（1560～1640年，1594年来华），他的字是仰风，人都尊称为“仰老”。二人见面谈得很投机。他听郭居静讲述教理，首次接触到天主教；他也听郭居静讲述科学，首次接触到西方文明。

徐光启中举也有一段与“范进中举”类似的故事。本来徐光启的卷子未被注意到，已归到落选卷子中；但是离放榜还有两天，头名举人还没有定下来。当时阅卷的官员发现了徐光启的卷子，也是主考官独具慧眼。他看了第一、第二场的卷子就“击节叹赏”，看完第三场的卷子竟拍案叫绝：“此名士大儒无疑也。”遂定徐光启为头名。第二年，徐光启参加会试又名落孙山。

6年之后（1604年），徐光启再次北上参加会试，终于考中进士，列三甲、第88名。二甲和三甲还要考试一次，而后再“点翰林”。徐光启被任命在都察院做见习生（“观政”）。然而，徐光启是很幸运的。他的老师与他是同科进士，名次也在徐光启之前。老师已60多岁了，虽然被点了翰林，但是自己觉得也干不了几年，因此便推荐了自己的这个得意门生取而代之。这样，徐光启当上了“庶吉士”（相当于翰林院的研究生）。这时的徐光启已经43岁了，不过比起那些“皓首穷经”的老学生还算是年轻人。

这位年轻的庶吉士每每政论颇有见识，他的工作成绩也很好。三年后，徐光启又得到提拔，成为翰林院的七品“检讨”。

刚刚当上“检讨”，父亲便去世了。按照当时的规定，他要回家守孝。守孝期间，不仅勤于读书，特别是研究西方的自然科学知识，而且参加农田劳动，十分注意农学的研究。他很关心农民的生活，特别是灾年，为使穷人度过饥荒，他提倡种植产量高的甘薯和芜菁，并上书皇帝请求推广。

甘薯是从南亚引进的，有人曾试验种植，但都失败了。徐光启吸取了别人的教训，反复试种，最后取得了成功。甘薯不仅在国内广为种植，而且传到了朝鲜和日本。芜菁原产中国北部和欧洲北部，它的个大（也称“大头菜”），产量高。为了引到南方种植，徐光启带种子在家乡试种，最终获得了成功。后来，他还注意棉花种植问题，结合长江三角洲地区的土壤和气候的特点，主张种一季棉，或棉花与大麦轮作，对这一地区棉花种植起到了积极作用，进而促进了棉纺织业的发展。

徐光启还主张在南方多种女贞树（又名冬青树）和乌桕树，它们的经济价值比杨柳树要高。女贞树可取白蜡，乌桕树可取皮油以制作蜡烛，还可造纸和染发。

图 6－5　徐光启请教农民

徐光启一直坚持农学方面的科学实验。1613 年，由于身体不好而请假三年。这三年间，他在天津购地，用于试种南方的水稻和其他高产作物，全部费用均由自己筹措。由于种稻要用水，徐光启也重视水利建设和土壤改良。他的试验很成功，三年而获大利。

后来，徐光启回到京师，操练兵马。后再次遭贬。1620 年，徐光启回到了上海，在家乡仍旧是耕田搞试验。早在天津垦植时，徐光启就写出了一些农学研究著作。后来，在京训练兵丁之时，心里就盘算着写一部大部头的农学著作。回到上海，正好可以编纂此书。在这期间，他把初稿编得差不多了。后来因为奉旨主持修订历书的工作，才又将此事搁下。谁料想，徐光启再也没有机会将此书完成。

崇祯登基之后，清除了魏忠贤为首的阉党。任用徐光启，为他官复原职，后又升任礼部尚书，主持修订历法的工作。这几年，他的官职不断上升，当到东阁大学士，相当于宰相。但是他的健康情况也不断恶化。最后，修订历法工作未完成就去世了。临终之时，徐光启还嘱咐孙子，要完成他的农书。

1630 年，有位学者叫陈子龙，十分推崇徐光启。他拜见徐光启时，看过徐光启的书稿；徐光启希望陈子龙能帮助他整理刻印出来。1635 年，徐光启逝世的第二年，陈子龙得到书稿，经过整理，于 1639 年刻印出来，并定名《农政全书》。这是古代四大农书之一，是古代农学研究史中最完备的科学巨著。全书分为 12 目、60 卷。全书内容的十分之九是对前人著作的摘录，但是都经过徐光启精心剪裁，进行了批注和评论；十分之一是徐光启自己的研究成果，其中有许多真知灼见，闪烁着徐光启农学思想的光辉。

中西会通，欲求超胜

明代末叶，宦官专权，朝廷软弱，政治黑暗，许多知识分子都为之担心，但也不乏进取者，其中包括徐光启。自从在广东韶州接触传教士后，天主教和西方科学给他留下了深刻印象。

万历二十八年（1600 年），徐光启到了南京。在南京，他也看到了一栋洋房，一打听，这是一处教堂，住在此处的是意大利传教士利玛窦。徐光启非常高兴，因为他听郭居静说过，利玛窦是个很有学问的教士。进了教堂，他果然见到了一个身着儒服的神父。交谈之间，才知他就是利玛窦。利玛窦本来就喜欢同中国的知识分子结交，对这个年轻人也很有好感，便请他进了客房。

进入客房后，徐光启一眼就看到墙上那张《万国全图》，他对此图发生了浓厚的兴趣。徐光启想起来，在一个朋友家曾看到过一张类似的《山海舆地图》。利玛窦就向他介绍地球上各洲的分布和国家的位置，这使徐光启大开眼界。另外，利玛窦还向徐光启介绍了西方许多天文、历法、数学、水利方面的知识，同时也向徐光启讲解了天文教的教义。这些科学的知识与宗教的教义都引起了徐光启的兴趣，他暗暗地称赞利玛窦。

万历三十一年（1603 年），因为惦记利玛窦，徐光启又专程到南京拜访他。遗憾的是，利玛窦到北京去了。主持教堂事务的是郭居静和罗如望（1566～1623 年，葡萄牙传教士，1598 年来华）。郭居静与徐光启是

图6－6　徐光启
（1562～1634年）

老朋友，二人相见自然是非常高兴的。罗如望赠给徐光启一些书，希望他能加入教会。经过认真的思考，徐光启认为，既然西方科学能够拯救衰败的王朝，加入天主教可以更好地学习这些知识，用以补充儒家学说，并且天主教义也是不错的。因此，徐光启决定加入天主教。罗如望为他举行了洗礼（这是一种入教的仪式），起教名为“保禄”，拉丁文写作Paulus（现多译为“保罗”，即Paul），所以，教徒们叫他“徐保禄”。

1604年，徐光启来京参加会试。他打听到利玛窦的住处，便去宣武门找利玛窦。当他们相见时，都感到非常高兴。特别是得知徐光启已入教，利玛窦对徐光启又有了一种特殊感情。

徐光启常常思索把西方科学引入中国的必要性，为此，曾向利玛窦建议，能否译出一些书籍以“裨益民用”。开始，利玛窦怕译书影响传教，委婉地谢绝了。后来，由于徐光启的再三请求，利玛窦同意译书。译什么书呢？徐光启想到了两点：一是当时的学术气氛很差，官方以八

股取士，知识分子为了功名富贵，很少有人重视科学研究。另外，他认为，中国古代数学体系薄弱，他从利玛窦处了解到西方数学的长处，宜用西方数学来弥补之；又考虑到实用的特点，他认为数学对天文、历法、音律、测量学、水利建设和机械制造都是基础，没有好的数学工具是不行的。这样，他选择了欧几里德的《几何原本》。

《几何原本》是公元前300年亚历山大数学家欧几里德编著的。据说，在徐光启之前就有人尝试翻译《几何原本》，但是都失败了。利玛窦用的母本是拉丁文的，共15卷。徐光启每日下午去利玛窦的寓所，由利玛窦口授，徐光启笔记，反复体会其意，再用中文写出，译出后还改订了三次。译完6卷后，徐光启劲头正足，准备一鼓作气译完全书，但是利玛窦却不再翻译下去了，他说余下的以后再说。不过前6卷也是成体系的，也就是平面几何体系。据说，德文、西班牙文、瑞典文译本也都是先译前6卷的。此后，徐光启再也没有机会译全这部书，以至于徐光启叹道："续成大业，未知何日，未知何人?"

《几何原本》的翻译，第一次向中国人介绍了西方几何学体系，打开了中西科学交流之门。徐光启曾预言，"举世无一人不当学"。在20世纪初，几何学也作为中国中学生的必修课程，且以《几何原本》为蓝本。

译出《几何原本》之后，徐光启又同利玛窦译出另一本数学著作《测量法义》。同时，徐光启也写出两部数学著作阐释几何之意。

1610年，利玛窦在京逝世，万历皇帝赐葬西郊二里沟（今北京社会科学院内）。噩耗传来，徐光启极为难过。这时，徐光启为父亲守丧恰好满期，又回到了京师。他决定遵照利玛窦的遗愿，翻译西方机械方面的书籍。为此徐光启就去找意大利传教士熊三拔（1575～1620年，1606年来华）。利玛窦曾向徐光启介绍过此人。熊三拔对译书无兴趣，因为怕影响传教。后来，徐光启又找到熊三拔，颂扬天主"圣教"和熊三拔的"圣德"，给他阐明向中国人介绍西方科技也是利玛窦的遗愿。这番话果然打动了熊三拔。熊三拔当即表示参加译书。于是二人合译了6卷《泰西水法》（“泰西”是中国人对西方的统称）。翻译之余，徐光启还找来工匠听熊三拔讲解，把一些机械制作出来。

由于中国的历法很久未修订，出现了很大的误差。当时使用的《大统历》不过是《授时历》的翻版。《授时历》是一部很好的历法，但是已用了 300 年，也该修订了。有些保守的人士借口“祖制不可改”，“古法未可轻变”，阻止修历。有些主张修历的人还被治了罪。1630 年，徐光启奉旨主持修历工作。除了几位中国专家，他还请了一些传教士，如龙华民（1559～1654 年，意大利人，1597 年来华）、庞迪我（1571～1618 年，西班牙人，1599 年来华）、熊三拔、邓玉函（1576～1630 年，法国人，1618 年来华）、阳玛诺（1574～1659 年，葡萄牙人，1605 年来华）、艾儒略（1582～1649 年，意大利人，1613 年来华）、汤若望（1592～1666 年，德国人，1606 年来华）等。传教士们帮助徐光启译撰天文理论著作，还进行测算，他们制造了一些天文仪器。徐光启调来了一些学生学习西法和帮助计算。

据说，在编历过程中，邓玉函曾写信给意大利科学家伽利略和德国天文学家开普勒，请求他们帮助中国修订历法。开普勒复信表示，愿意为中国历法修订工作作出贡献。

1638 年，历法缩订完毕。这时，徐光启和邓玉函相继去世了。新的历书共 137 卷，采用了西方的第谷体系。这是一种地心体系和日心体系相折中的体系，比利玛窦介绍的地心体系（托勒密体系）要先进些。但是更为科学的日心体系（哥白尼体系）传教士们则未给予介绍。行星运动还是采用旧的本轮和均轮的若干圆运动来描述。开普勒的行星运动理论未曾引入。徐光启主持的修历工作最终完成我国历法史上第五次（最后一次）重大变革。

新的历法由于明朝的灭亡而束之高阁。在清王朝建立之初，汤若望献出新历法，清廷命名为《时宪历》后颁行天下。

徐光启是最早接受并传播西方科学的科学家。他的本意是很明显的。

他主张中西结合，最终是改造中国科学，促使中国科学的进步，并且“超胜”西方科学。他的原则是“欲求超胜，必须会通；会通之前，必先翻译”。这也是吸收和消化西方科学技术的方法。从今天的观点来看，这种科学观仍有进步意义，是可取的。

王徵和《远西奇器图说》

明末清初，西方科学技术已渐入中国。中国许多知识分子都欢迎新科技的传入。当时的一个重要工作就是翻译这些科技著作，以促进中国科技的发展。陕西人王徵（zhēng，征）就是其中的一员。

王徵，字良甫，号葵心，自号了一道人。生于明隆庆五年（1571年），卒于崇祯十七年（1644年），这一年恰好是明朝灭亡的一年。王徵的父亲是一位教书先生，长于经学和算学，舅舅是做官的。父亲和舅父对小王徵给以很好的教育。15岁的王徵补博士弟子员，并且立志以天下为己任；23岁考中举人。但是后来虽9次进京参加会试，都未考中进士。这时，传教士利玛窦、庞迪我等人正在北京。大约在1615年，王徵在北京结识了庞迪我，后来还加入了耶稣会，所起的圣名叫斐理伯。也就在这一期间，王徵对古代的各种机械和工程建筑产生了浓厚的兴趣。这使他误了八股学业，直到天启二年（1622年）才中了进士。

天启三年，王徵在北京读到传教士艾儒略的《职方外纪》很有兴趣。这是一部用中文写的有关世界地理的著作。书中有关西方的“奇器”（一些新颖而奇特的器具）引起了王徵的重视。例如，建在山巅上的城堡如何取水，一位奇巧之士制造了一种取水用具，可以昼夜不停地把水送到山城，而且不耗人力。又如，某国王建造的大船，倾全国人力也无法将它推入大海，为此人们设计了一种器械，国王只须举手之劳，须臾间船便劈水入海。尽管王徵是多么想更进一步了解这些“奇器”，但是他很快

就被派到外地去做官了。

天启六年（1626年），王徵又回到了北京。当时的传教士邓玉函和汤若望等人正在帮助明朝政府修订历法。邓玉函是伽利略的好朋友，汤若望也曾受业于伽利略。王徵此时已有55岁了，但是他仍然虚心地向邓玉函等人请教有关“奇器”的问题。也是事有凑巧，当时金尼阁恰好从欧洲带来了7000部图书，并准备在北京建图书馆。金尼阁与王徵的关系也很好。天启五年（1625年），王徵服丧时，曾请金尼阁到陕西传教，此时他向金尼阁学习了拉丁文。

金尼阁带的这批书中有关于物理学和其他应用科学的书籍，邓玉函从中挑选了一些最新和最精彩的介绍给王徵读。王徵十分喜欢关于奇器之类的书籍，特别是它上面的精美插图，相当直观。于是他请邓玉函帮他把图重绘，并且译出图注。邓玉函翻译的同时，也要求王徵学习有关测算方法。王徵的数学基础较好，且很懂制造，很快就掌握了测算方法。接着，二人合作，仅花了一个多月的时间就翻译、绘制完毕，并且于天启七年（1627年）在北京刻印，书名定作《远西奇器图说录最》，也称《远西奇器图说》，或简称作《奇器图说》。

《奇器图说》中的前3卷是由邓玉函口译、王徵笔录和绘图而完成的。卷1主要叙述重学（也就是力学）的性质和应用，如重、重心、比重等概念；卷2讲解机械学的各种基本原理和应用方法，如天平、杠杆、戥（děng）子、滑车、轮盘、斜面和藤线（螺旋）等内容；卷3主要是各种图，说明各种机械原理的实际应用，共54幅图。3卷之后还有1卷《新制诸器图说》（简称《诸器图说》）。这一卷与前3卷不同，它多是王徵个人发明或亲手所制，成书早于《奇器图说》。

《远西奇器图说》的内容主要取材于荷兰著名数学家和物理学家西蒙·斯台文（1548～1620年）的《数学记录》（1608年）下册和比维斯的《建筑术》（1567年）中的第10章，构成卷1和卷2的内容。第3卷多取自拉莫里的《论各种工艺机械》（1588年）。

王徵翻译的《奇器图说》是中国第一部机械工程学专著，从卷1和卷2的内容来看，王徵也应享有最先引进物理科学的荣誉。王徵不仅能消化其中的物理内容，而且他所译出的物理术语大多沿用至今。

对于王徵同传教士相互往来和共同翻译西方的著作，许多人都不理解。但是，王徵对此有自己的看法。他认为，西方传教士于万里之外带进这些书，对我们无疑是一种恩惠，我们怎能拒之门外呢？“学原不分粗细，总期有济于世；人亦不问东西，总期不违于兹。”这在中国对外开放的今天仍是有参考意义的。

除了《奇器图说》和《诸器图说》，王徵还有近60种著作，其中也有一些关于机械原理的著作，并且也有涉及西方知识的书籍。

在理论的研究之外，王徵也很注意运用这些知识于实际之中。特别是他在做地方官时，曾用一些自制机械帮助百姓做好事。例如，他在河北广平（今邯郸市）制造机器闸，使之利于船运。又如，在京师工程中，他设计的一套运输工具，用于运输大石块，省却了不少的人力和物力。

王徵做官十分刚正。在广平时，他任“推官”（法官），对于参加白莲教起义而株连的许多无辜百姓，很不忍心判其罪名，找个借口尽释放了。后在扬州做推官，正值趋炎附势者皆为专权朝廷的宦官魏忠贤建“生祠”（为活人建祠堂）。祠堂建好之后，王徵拒绝前去礼拜；反之，对于魏忠贤在扬州制造的冤案，他却极力为其鸣不平，从而保全了不少人的性命。

王徵是一位知名的科学家和刚直不阿的官吏，在社会上颇有声誉，以至于李自成也十分仰慕他。李自成举起义旗反抗明朝统治时，曾经几次派人去请王徵参加义军，但是，王徵誓死不从。李自成攻破北京后，当年王徵就死了。为了表示对明朝的效忠，在死前就自拟了墓文“明了一道人之墓”。

方以智与《物理小识》

明末清初，有一位进步的思想家和杰出的科学家，他的名字叫方以智（1611～1671年）。方以智字密之，号曼公，又号龙眠愚者、炮药者、墨历等，人亦尊称为密翁、青原尊者等。

方以智是安徽桐城浮山（今属枞阳县）人。曾祖父、祖父和父亲都是当时的官绅和名士。他们在政治上都参加过或倾向于进步组织“东林党”；在学术上则喜欢研究事物发展和变化的规律（当时称作“物理”），在军事、地理、天算和医学上的研究都卓有成绩；特别是易学的研究，可谓家学渊源。

少年时期，方以智就喜欢议论政治，希望建立开明政治，领导东林党之后的“复社”同朝廷内的“阉党”势力展开了斗争，明崇祯十三年（1640年），方以智考中进士，任翰林院中的修史官员（“检讨”）。后又在南明王朝中做过官。在清兵南下之时，他曾联络东南的抗清力量，后兵败被俘。清将曾恫吓方以智说：“官服在左，刀剑在右，你自己选择吧。”方以智毫无惧色，立刻站到了右边。清将反被方以智的无畏精神所慑服，于是便释放了他。这时的方以智面对面目全非的家园，不得已出家做了和尚。先是回到家乡桐城，父亲去世后，他到江西游学。晚年定居庐陵青原山。清康熙十年（1671年）冬，他因一些流言蜚语而受牵连。被捕后，先后关在庐陵和南昌。在押往广东的途中，路过江西万安惶恐滩时，他想起了民族英雄文天祥，感慨不已，在渡舟中疽发而亡。

图 6－7 方以智

（1611～1671 年）

少年时代的方以智曾随父宦游，游历了祖国的名山大川。青年时代，他博览群书，兼采众艺，不仅研究哲学、文学、音韵学、训诂学、军事学、美术、历史等，而且十分喜欢自然科学，如医学、天文、数学等。他一生中著述极多，有 100 多种著作。这些著作反映出方以智追求进步、刻苦钻研的精神。特别是在抗清失败之后，在种种困境下坚持写作，甚至在苗人的山洞里还手不释卷。

方以智的代表作是《通雅》。此书是他从二十余岁开始撰写，花了 30 年的时间才完成的。它涉及的内容极广，其中自然科学的知识不少。在自然科学研究上，他的代表作是《物理小识》，它大约在 1643 年完成，时年约 33 岁。后来，在广东流亡时，他又对《物理小识》进行了修改。前后写作和修改此书共花了 22 年。

最初，《物理小识》是附在《通雅》之后的。后来，他的儿子方中通重新编辑，1664 年，把《物理小识》单独印刷成册。全书内容可分为 15 类、12 卷，其中关于自然科学的内容近千条。就内容来看，方以智对中国古代已有的科学成就进行了整理、综合和总结，同时还对西方的科学技术加以吸收，并且提出了自己的见解。方以智的研究不仅丰富了古代自然科学技术的内容，而且对近代科学的发端和发展都注入了生机。

在《物理小识》中体现着一种进步的自然观。这首先表现在对世界物质性的认识上。他认为："盈天地间，皆物也。"这就是说，天地充满了物质。他还指出："物之则，即天之则，即心之则也。"这就是说，物质运动的规律、宇宙运动的规律、思维运动的规律都是统一的，世界上没有什么神秘的东西。这种认识本质上是唯物主义的，从这种观点出发，他还解释了许多自然现象。

从世界的物质性观点出发，方以智研究了时空和运动的问题。他提出了时间与空间不可分割的观点和运动不灭的观点。这些问题是十分重要的哲学问题，也是十分重要的物理学问题。方以智的观点发展了传统的科学和哲学的研究成果，在科学史和哲学史上都具有重要意义。

在《物理小识》中还体现着一种近代科学的精神，这就是方以智极力倡导的科学实验方法。他认为，从宇宙之巨到动植物之细，都应加以实际地考察，以了解它们的固有特性，了解它们运动变化的固有规律性。对于这种认识方法，他起的名字叫"质测"。系统地提出"质测之学"的第一人恐怕要算是方以智了。这种研究方法正是欧洲17世纪科学革命以来所倡导的科学方法。

在这种理论的指导下，方以智仔细地考察了许多现象，涉及到力、光、声、热、磁等现象的知识，如比重、表面张力、光的反射、光的折射、光学仪器、大气光现象、透镜、声的反射、隔音效应、磁偏角随地域的变化、金属传热等。他还亲手做了一些实验，例如，亲自设计了小孔成像实验、声音共振实验。后一个实验是对宋朝沈括的纸游码测验方法的发展和改进。方以智还对棱宝石、三棱水晶分光为五色的现象提出了解释。他认为，这同五色彩虹同理。这比牛顿的解释早30多年。方以智还设计了一种能自行的"运机"，它的动力是利用悬桶流水或积沙下漏。据衡阳学者王夫之的记载，方以智还复制了已失传的"木牛流马"。传说这是三国时诸葛亮发明的。

《物理小识》中有5%的篇幅的资料来源于当时西方传教士的著述。这并不奇怪，因为方以智9岁时就向一位叫熊明遇的人学习，这个人同徐光启一起译《泰西水法》，是一位热心介绍西学的人物。方以智曾同毕方济（意大利人，？～1649年，1614年来华）和汤若望有过交往，向他们请教西方自然科学的知识。方以智虽然吸取大量的西方自然科学知识，但是他仍认为，西方自然科学的体系犹未完备。为此，对于西方科学既不全盘否定，又不全盘肯定，特别是对于西方传教士对中国传统科学的贬低给予了毫不客气的回击。

方以智对于金星运行进行了认真的观察和研究。他借助望远镜观测发现，金星的形体和外貌在太阳照耀下有些变化。经过仔细的分析，他发现金星的这种变化同月亮的类似变化是不同的。其实这是由于金星绕日运动而月亮绕地运动的缘故，而传教士们还死抱着地心说，当然难以解释这种现象。

由于方以智参加抗清活动，家人也遭颠沛流离之苦。尽管如此，方以智的三个儿子仍在学业上孜孜以求，并且各有成就。长子方中德长于史，三子方中履专于博物。次子方中通（1635～1698年）对数学和物理学很有研究，成为一位著名的科学家。

方中通，字位白，号陪翁。10岁时，清兵入关，国家便陷于战火之中。但是他仍取得了很大的成就，这集中表现在他的《数度衍》一书中。书中的几何学知识是他向传教士穆尼阁（波兰人，曾向中国人提到过哥白尼学说）学习的，他对西方几何学是极为推崇的。有关西方的数学内容还涉及对数，伽利略发明的“比例规”等。对于中国传统，他也广为采用，其中关于纵横图的研究很有特色。

所谓纵横图是一种很有趣的数学问题，如图上就是一个最简单的三阶纵横图。这种图最早发源于中国，日本人称此图为“方阵”、欧洲人称之为“幻方”，但是都比中国人的研究要晚。在中国古代，宋代数学家杨辉和明代数学家程大位（1533～1606年）对纵横图都很有研究。方中通对前人的研究有一定发展，从图 6—7 中便可比较出来。

4	9	2
3	5	7
8	1	6

（横一列、竖一列、斜一列的和都是 15）

5	15	16	4	25
15	14	7	18	11
24	17	13	9	2
20	8	19	12	6
1	11	10	22	21

程大位五五图
（横一列、竖一列、斜一列的和都是 65）

5	3	10	22	25
15	14	7	18	11
24	17	13	9	2
20	8	19	12	6
1	23	16	4	21

方中通五五图
（横一列、竖一列、斜一列的和都是 65）

图 6—8　纵横图

中西结合，自成一家

著名天文学家王锡阐（1628～1682年）是江苏吴江人，字寅旭，号晓庵（ān，安）。出身在一个破落的士大夫家庭。由于家贫，王锡阐被过继给他的叔父。12岁时，发愤读书，专心学问。17岁那一年，崇祯皇帝自杀，明朝灭亡；接着，清军入关，入主中原。王锡阐有着很高的民族气节，对于清朝的统治难以接受，于是他决心仿效崇祯皇帝，以自杀殉国。他先是投河自尽，但是被人救起；接着又绝食，后因父母的劝说，才在7天之后重新进食。自杀行不通，心里的反清情绪依旧难平。从此之后，以“明朝遗民”自居，永不参加科举考试去做清朝的官，表现出决不与清朝统治者合作的态度。由于王锡阐的高风亮节，引起不少“明朝遗民”的钦佩。比王锡阐年长15岁的经学大师顾炎武（1613～1682年）曾列出10人有过人之处，王锡阐位列10人之首，王、顾二人保持着良好的关系。

王锡阐不参加科举考试，但是仍博览群书，用心苦读。为了生计，也曾做过塾师授徒。读书之时，曾发现古代某些历算方法有问题，为此亲自观测天象，加以检验。王锡阐同许多人（其中包括一位著名的明朝遗民万斯）讨论过历法问题。加上万斯的品格极高，使王锡阐对他推崇备至。

在科学研究上，王锡阐对西方科学技术极为重视，特别是历法。他对中西历算都有深入的研究。在此基础上，加上长期的观测，花了20多

图 6－9 王锡阐观天象

年的时间编制出新的历法《晓庵新法》。这部书分为 6 卷，是他最系统、最全面的天文著作。他编写此书的目的，是为了弥补《崇祯历书》的缺陷。他认为，《崇祯历书》不应该专用西法，而抛弃传统历法的形式。

《晓庵新法》有许多创新之处。为了精确计算太阳和月亮的位置以及日食和月食的发生过程，王锡阐创造出了新的方法，借此纠正了《崇祯历书》中的错误。他还首创了计算日食和月食初亏和复圆的方法。这种方法大大提高了观测精度，使中国当时在日食、月食的预报和观测方面都超过了西方的水平。

由于《晓庵新法》的内容较为艰深，并且坚持中国传统历法的形式，不加任何图示，使它成为中国古典天文著作中最难阅读的一部。

在《晓庵新法》完成后 10 年（1673 年），王锡阐又完成了另一部天文著作《五星行度解》。此书与《晓庵新法》有显著不同，前者更多的是消化西方的天文知识，完全采用了西方的小轮几何体系。在书中首先讨论了宇宙模型。他并未完全采用丹麦天文学家第谷・布拉赫（1546～

1601 年）的宇宙模型，这种模型是行星绕地球旋转，地球则带领这些行星绕太阳旋转。这种模型是日心模型和地心模型的调和产物。王锡阐对第谷模型进行了改良，而采用近似古希腊哲学家亚里士多德（公元前 384～前 322 年）的水晶球模型。这种模型认为各个行星都嵌入在水晶球的同心球的槽内。

王锡阐还从物理学的角度讨论行星运动的机制。他试图用一种磁力线来说明行星绕太阳运动的现象。这种说法类似德国物理学家约翰·开普勒（1571～1630 年）的天体磁引力作用的思想。

有趣的是，王锡阐还提出了水星内是否还有大行星——“水内行星”的问题，这是一个争论很大的问题，至今仍为天文学界所关注。

王锡阐在科学上的成就并未改变贫困潦倒的生活。他常常陷于饥寒交迫的境地，甚至他不得不扮成和尚去化斋。穷困的生活并未影响他的研究工作，也未因此而使他转变与清政府不合作的坚决态度。特别是他一直坚持观测，从不间断，他的理论研究一直依赖于他不懈的观测。

王锡阐在当时是一个很有名的民间天文学家，有“南王（锡阐）北薛（凤祚，1600～1680 年）”的说法。王锡阐并没有宣扬迷信活动。当有人问他有关阴阳占卜的事情，他总是说：“关于此类事，我肚里一无所知。”

对于西方科学，王锡阐既不全盘肯定，又不全盘否定，而是实事求是地加以甄别，指出错误，加以改正。他在《晓庵新法》中就指出西法错误 45 处。他还批评了传教士汤若望（1592～1666 年）的一些计算方法，表明中国科学家的聪明才智和勇于创新的精神。

王锡阐的科学精神还表现在他对西方科学的认识上。他坚决反对盲目排外和“全盘西化”的思想，而坚持中西结合、取长补短的态度。虽然西方科学体系和内容使人们感到难学，但是王锡阐还是苦心钻研，努力掌握西方科学，吸收它的长处。同时，对中国传统科学他也加以改造，对其中不合理的部分加以剔除，可能的话，就用西方科学来弥补。

王锡阐在科学研究上的重要贡献，使他获得了极高的声誉。与他同时代的著名天文学家梅文鼎在京城时就曾仔细地研读了王锡阐的著作。尽管二人未曾见过面，但是梅文鼎还是十分敬重王锡阐，认为“近世历学以吴江（王锡阐）为最，识解在青州（薛凤祚）上”。

数学世家——梅氏家族

在中国的清代有一个很有影响的数学世家，这就是以梅文鼎（1633～1721年）为首的梅氏家族。

梅文鼎，字定九，号勿庵，出生在安徽宣城（今宣州）一名门望族家庭。他的远族可追溯到北宋著名诗人梅尧臣，曾祖和祖父都做过明朝的地方官吏。明亡之后，梅文鼎的父亲就在家隐居，研习古代经典。父亲和塾师罗王宾常常带着小文鼎一起观察天象，并且为他讲解天体运动的知识。

梅文鼎9岁时就能熟诵五经，14岁时便考中秀才，他是一个远近闻名的神童。梅文鼎对功名利禄没有什么兴趣。青年时期就决心以毕生的精力研究天文学和数学。他先后学习了《崇祯历书》和其他的天文著作，并且系统地学习了西方天文学和数学知识，这为他日后的研究打下了坚实的基础。

为了进行科学研究，梅文鼎曾数次到金陵（今南京市）访问一些学者，进行交流。老年的方以智曾向梅文鼎索取他的科学著作来进行研究。方以智的儿子方中通也与梅文鼎保持着良好的学术关系。他们俩甚至住在一起进行研究达8个月之久。当梅文鼎50岁时，他来到北京想访问著名的传教士南怀仁，一起进行切磋。遗憾的是，南怀仁去世了。但是他同通晓数学的传教士安多（？～1709年，比利时人，1684年来华）等人研究过一些数学问题。此外，在京师期间，他还应邀收徒，以传授历算知识。

梅文鼎一生勤于著述。他活到89岁，写出的著作有86种。他的许多书都是在别人出资赞助下才得以出版的。各地的学者纷纷投到他的门下问学。就连爱好科学的康熙皇帝也十分敬慕梅文鼎。康熙四十四年(1705年)，康熙南巡至德州，曾在舟中召见梅文鼎，对于有关历算的问题长谈了三天，并且亲书“绩学参微”四字赐给他。后来，梅文鼎去世，康熙还特命江宁织造曹寅（《红楼梦》作者曹雪芹的父亲）为他办理丧事。在当时来说，这是一种莫大的荣誉。乾隆时期编纂的《四库全书》收录梅文鼎所写的书有29种。

在天文学研究上，梅文鼎的成就可以分为三个方面：

①将我国古代的星图和西方的星图相比较。把我国星图上有名的而外国无名和外国有名而我国无名的星都加以注明，并列出了古代二十八宿与近代星座对照表。

②创制“月道仪”。他在北京观象台上见到元代天文学家郭守敬研制的和后来新制的天文仪器，对于它们的优劣，他都有独到的见解。他创制了“月道仪”，这是一种设计合理、运转自如的天文仪器。

③对于月食和日食的推算方法（“交食法”）深有研究。在中国古代天文学的发展中，晋代姜岌、北齐张子信和元代郭守敬都对日食很有研究，交食预报已很准确。后来，明末徐光启又引进西方天文学方法。梅文鼎则融通两法，提出了更加准确的交食预报方法。

在数学研究上，梅文鼎的成就是多方面的。

① 提出了勾股定理的三种新的证明方法。

② 独立发现黄金分割法（“理分中末线”）。所谓黄金分割，就是给定线段AB，从AB上找出一点C且满足AB∶AC＝AC∶CB。为此，点C称为黄金分割点。梅文鼎的研究得到了6种方法。他的几何解法为（如图6—9）：

作 $OB \perp AB$ 且 $OB=\frac{1}{2}AB$

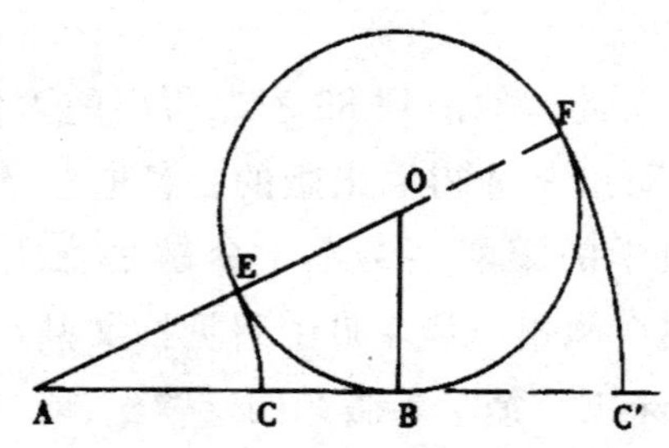

图 6－10 梅文鼎的几何解法

以 O 为圆心、OB 为半径作圆；

连 AO 且延长交圆周于 E、F；

以 A 为圆心、AE 为半径画弧交 AB 于 C；

且以 A 为圆心、AF 为半径画弧交 AB 延长线于 C′。这样就得到了二个黄金分割点 C（内分点）和 C′（外分点）。

③ 利用黄金分割法作 36°角。由此得到正五边形、正六边形、正十边形（现代做法也是如此），分别设定其边长为 α_5、α_6、α_{10}，则

$$\alpha_6^2+\alpha_{10}^2=\alpha_5^2$$

④ 由于徐光启与利玛窦只合译出《几何原本》的前 6 卷，而立体几何部分并未译出。梅文鼎对其他的一些测图学译著加以研究，这使他独立地发现了正四面体、正八面体、正十二面体和正二十面体的许多几何性质。特别是关于正二十面体的发现和研究，表明了梅文鼎研究水平之高。因为自然界只有 5 种正多面体，正二十面体又发现得最晚。传说，希腊数学家毕达哥拉斯的学生巴萨斯发现了正二十面体，因为他向外界透露了这项成果而被扔进了大海。

⑤ 梅文鼎的《平三角举要》、《弧三角举要》和《环中黍尺》等书都是中国最早的三角学和球面三角学专著。他还将此运用于天文学研究。梅文鼎的研究也显示出中国科学家的聪明和自立精神，因为当时什么都依靠传教士并不现实。一则，多数传教士对自然科学只有一知半解；二则，有些传教士并不愿意把所知的知识和盘托出，教授中国人时，往往都藏了一手。

⑥ 关于"杨辉三角形"的研究。西方称之为"巴斯卡三角形"，它是从（a＋b）^{1} 到（a＋b）^{5} 的展开式的系数变化的规律。杨辉则记载了（a＋b）^{1} 到（a＋b）^{7} 的展开式系数变化的规律，且早于巴斯卡（1623 年～1662 年）400 年。梅文鼎在京期间，朝鲜友人问及他有关四乘方和十乘方的方法时，梅文鼎写出《少广拾遗》介绍（a＋b）^{1} 到（a＋b）^{13} 的展开式系数变化规律，以及用此式进行开方（从开平方直至开十二次方）的方法。

⑦ 关于高阶差级数的研究。宋元之交的数学家朱世杰曾研究过这类问题，但是已失传。梅文鼎独立地进行了研究，并且对平方数和立方数等高阶差级数也有解释：

$1^2=1$

$2^2=1+3$

$3^2=1+3+5$

$4^2=1+3+5+7$

⋮

$1^3=1$

$2^3=1+(1+6)$

$3^3=1+(1+6)+(1+6+6\times2)$

$4^3=1+(1+6)+(1+6+6\times2)+(1+6+6\times2+6\times3)$

⋮

梅文鼎一生，早年丧妻，后不续娶，而是发愤于科学研究。晚年勤奋依旧，直到 89 岁死在工作的桌案上。梅文鼎的研究工作不仅包括发掘和整理中国传统的科学文化，而且还努力吸收和消化西方科学知识，集中外数学之大成，独树一帜，且成一代名家。为此，人们称他为"国朝算学第一"和"历算第一名家"，这是当之无愧的。

受梅文鼎的影响，他的弟弟梅文鼏（mì，1642～1671 年，字知仲）著有《步五星式》（6 卷）；梅文鼐（nài，1647～?，字尔素）著有《几何类求》、《中西经星同异考》。梅文鼎之子梅以燕（1655～1706 年）也通晓数学历算。梅文鼎之长孙梅瑴（jué，同"珏"）成则是梅氏家族中另一位有突出成就的科学家。

梅瑴成，字玉汝，号循斋、柳下居士。他的数学研究是同梅文鼎的教育分不开的。年轻的梅瑴成经常帮助祖父整理和校正书稿，特别是编校《勿庵律算全书》，做了许多工作。对于《梅氏律算全书》的编订工作，他排定了算术、代数、平面几何、立体几何、球面三角的顺序，同近代数学的排序大体相同。

由于康熙也十分喜欢研究天文学和数学方面的知识，曾想任用梅文鼎，但是"惜乎老矣"！因此于康熙五十一年（1712 年）把梅瑴成招进宫，在内廷"蒙养斋"学习，充任编汇官。梅瑴成也不负康熙的知遇之恩，发愤读书，成绩卓著，为此第二年钦赐举人，又二年授赐进士和编修官之职。由于康熙与梅氏祖孙对科学的共同爱好，君臣之间关系十分融洽。一次，康熙召见梅瑴成，对他说道："汝祖留心律历多年，可将《律吕正义》寄一部去令看。或有错误，指出甚好。夫古帝王有'都、俞、吁、咈'四字[①]。后来遂止有'都、俞'，即朋友之间，亦不喜人规劝。此皆是私意。汝等须要极力克去，则学问自然长进。可将此意写与汝祖知道。"康熙不仅谈到交友之道，另外还反映出对梅氏祖孙的信任。这一方面表示对梅氏研究工作的重视、对梅氏成就的尊敬，另一方面更表示出对科学极为重视的情感。

梅瑴成对中西算学进行刻苦地钻研，由于他和何国宗、明安图的努力，终于编成钦定的《律历渊源》（100 卷）（《其中历象考成》42 卷、《律吕正义》5 卷和《数理精蕴》53 卷）。《数理精蕴》则纯出自梅瑴成一人之手。同时，梅瑴成还参与编纂《明史·历志》和清初历书《时宪历》。

同他的祖父不一样，梅瑴成一生更多的不是著书而是编书，除了上述书籍，他还增删和校定明代程大位的《算法统宗》为《增删算法统

---

① 《尚书》中，"都"意"好的"，"俞"意"对的"，"吁"意"不对"，"咈"（fú）意"大错"。

宗》。这样，《梅氏律算全书》、《数理精蕴》和《算法统宗》三者鼎足而立，对后世数学发展具有重要意义。

梅瑴成写的书并不多，但是研究水平还是很高的。他最先介绍了西方求取圆周率 π 值的方法，突破了“割圆术”的框框。我们知道刘徽得到的“徽率”（3.1416）和祖冲之得到的“祖率”（疏率为$\frac{22}{7}$，密率为$\frac{335}{112}$），都是采用割圆之法，算法十分复杂和繁琐。西方早期，阿基米德也用割圆之法。18 世纪初，来华的德国传教士杜德美向中国人介绍了用级数展开的方法计算 π 值，这种方法很快就为梅瑴成和明安图所接受。明安图用割圆连比之法给予了证明，梅瑴成则把它翻译成汉语，并且加了注释，为后人的研究提供了新方法。

其次，梅瑴成还对元代李冶（1192～1279 年）的《测圆海镜》和元代朱世杰的《四元玉鉴》进行了研究，重新发现“天元术”和“四元术”的数学含义，对数学发展起到了承上启下的作用，这是功不可没的。

梅瑴成是一位具有爱国主义精神的科学家，他对钦天监中外国传教士将传统天文仪器弃置不用或熔作它用十分气愤。

在梅瑴成之后，他的孙子梅冲也在数学研究上有所成就，曾著有《勾股浅述》。这样，在梅氏家族中，祖孙 5 代中就出现了 10 余位数学家。这一数学家族在科学史上是比较少见的。他们的研究对中国 18、19 世纪的数学发展起到了重要的推动作用。

建筑世家——雷氏家族

清代皇家招募天下能工巧匠来到北京，搞了许多园林和建筑工程。康熙初年，一名叫雷发达的工匠同他的堂兄雷发宣来京参与清廷宫殿的修复工作。

雷发达，字明所，江西建昌（今永修县）人。生于明万历四十七年（1619 年），卒于清康熙三十二年（1693 年）。雷发达参加了故宫三大殿的营建工作。据说他在太和殿的上梁仪式中，爬上构架的顶端，技巧熟练地使梁木就位。工程负责人把雷发达提拔为工部营造所的长班，专门负责宫廷内的营造工程。他在京负责建筑工程很长时间，直到他 70 岁时才退下来。

雷发达的长子雷金玉，字良生。生于清顺治十六年（1659 年），卒于雍正七年（1729 年）。他非常聪明，曾考取过功名。当父亲退下来之后，他于康熙二十八年（1689 年）接替父亲的职务，出任营造所长班。后又在内务府包衣旗，参与圆明园的工程建设。在这些工程中，他负责加工楠木的工作和“样式房”中的设计工作（“掌案”）。

据说，在畅春园的正殿上梁典礼中，雷金玉以精湛的技艺使上梁工作顺利完成。当时，康熙皇帝也来参加典礼仪式，看到雷金玉身手不凡，当即召见他，任命他为内务府总理钦工处，他的级别是一个七品官。此后，他在雍正时又参加了圆明园的再建工程，主持设计工作。雍正皇帝很重视他的成绩，在他 70 大寿时，雍正命太子为他书字赠匾，匾上写着

“古稀”二字。第二年，他去世时，皇上还赐与银钱，使他归葬故土。

雷金玉的成就使他在营造匠师时获得了很高的声誉，并形成“样式雷”（或称“样子雷”、“样房雷”）的风格，为雷氏建筑世家奠定了基础。

雷金玉有5子，在雷金玉归葬故土时，有4个儿子扶柩随行，而夫人张氏刚刚生下第五子。这母子俩便留在了京城。第五子叫雷声澂（chéng，即澄字，1729～1792年），字藻亭。由于雷金玉成年的儿子都南归了，小声澂尚幼，别人便负责起样式房的工作。为此，张氏夫人抱着小声澂到工部去泣诉，才把这个差事保留下来。

雷声澂长成后恰值乾隆大兴土木的时期。遗憾的是，有关雷声澂的事迹记载得很少，现在难以知晓。但是，他的三个儿子都是很有出息的，使祖上“样式雷”再度“发运”，可谓光宗耀祖了。

这三个儿子的名字为雷家玮（字席珍，1758～1845年）、雷家玺（xǐ，字国贤，1764～1825年）和雷家瑞（字征祥，1770～1830年）。在乾隆南巡期间，雷家玮曾任有关营造行宫和建堤工程的查办。1792年，雷家玺承办万寿山、玉泉山、香山建园的工程，并去承德避暑山庄参加营建工作。后又到圆明园主持楠木制作的工作。雷家瑞主要是主持样式房的工作，到嘉庆时期又主持过一些工程的装修工程。这三兄弟正逢乾嘉盛世，当时一些主要的营建工程差不多都有雷氏三兄弟的功劳，并且承接过不少有关庆典活动的工程。

“家”字辈之后有一位雷景修（字先之，号白璧，又号鸣远，1803～1866年），他是雷家玺的第三子。他同父辈不一样，生不逢时，雷氏家族几代营建的圆明园工程被付之一炬。

由于雷家玺在道光五年（1825年）元宵节突然去世，雷景修才22岁，这时他已随父在样氏房学习多年，但是仍难独当此任。到40多岁时他才担任样氏房掌案。虽然大规模的宫殿和园林营造工程已很少，但是朝廷仍很器重雷氏家族的后裔。由于圆明园被焚毁，样氏房搬到了西直门内。雷景修细心地保存好大量的设计图稿和模型。

雷景修的三子雷恩起（字永荣，号禹门，1826～1876年）和长孙雷廷昌（字辅臣，又字恩绶，1845～1907年）主要从事皇家陵墓的建造工作，使"样式雷"再度繁盛一时。

随着清朝的灭亡，"样式雷"世家也衰微下去，雷氏后代甚至靠出卖祖上遗物来过活。

尽管如此，雷氏家族长期垄断清廷园林、宫殿和陵墓的营造工作，在清代建筑技术发展史上取得过辉煌的成就。然而，雷氏家族更大的贡献在于他们那科学的设计思想和高超的施工技巧。"样式雷"在做设计方案时，先按百分之一或二百分之一的比例缩小，以制成小样模型（当时把这种模型称作"烫样"），而后送到负责的官吏手中进行审定。这种"烫样"在北京图书馆、故宫博物院和清华大学都有留存。这已经成为今天研究清代园林艺术和建筑技术的重要资料。

雷氏家族在200多年的营造活动中历经7代，有9人对清代建筑发展发挥了重要作用。这种长时间内连续地为科学技术做出贡献的家族式的团体，在世界科学技术史上也是不多见的。

爱科学的皇帝——清圣祖玄烨

清军入主中原后的第二代君主是爱新觉罗·玄烨（yè，1654～1722年）。他8岁就登基当上了皇帝，年号康熙，14岁时定计将专横跋扈的大臣鳌（áo）拜逮捕并除掉。他在位61年，在历史上是在位时间最长的皇帝。作为一个有为的君王，他为260余年的清朝统治奠定了基础。

康熙是一个文武全才的君主。不仅善于指挥，精通谋略，而且武艺也非同小可，会用各种武器。同时，他爱好阅读，对于文史和科技知识通晓门类甚多，特别是对自然科学有着广泛的兴趣。他努力钻研数学、天文学、地学、农学、医学、制图学，经常同科学家讨论问题。据说，畅春园的蒙养斋就是一处科学沙龙。在这里，康熙同科学家们一起研讨各种科学问题和编纂科学著作。后世史学家称赞他，闲暇之时都用来钻研科学，在君王之中，自古以来都少见。

康熙时，朝廷上下争论着一个大问题：使用哪一种历法，它们各有什么优缺点？康熙在这场争论中很注重调查研究。在这个问题上，康熙采取主动的姿态，决心在天文历算上好好地学习、深入地研究一番。这时，在北京有许多传教士，康熙把一些人请到皇宫讲课。

最初，南怀仁为康熙讲解欧几里德几何学、静力学和天文学，康熙每天都认真地听讲。南怀仁去世后，他又请法国传教士张诚（1654～1707年，1687年来华）、白晋（又作白进，1656～1730年，1687年来华）讲解有关测量、数学、天文学、解剖学和哲学的知识。由于康熙不

图 6－11　清康熙皇帝
(爱新觉罗・玄烨，1654～1722 年)

学外语，传教士需要学好汉语和满语才能进宫讲解，其中一部分书籍还要翻译出来，印制成册供康熙阅读和收藏。康熙到了 30 多岁时学习的劲头仍然很足，可见他的用功程度。

康熙对许多天文仪器的原理和用法都很了解，可以实际操作。他用四分仪测量太阳的高度，进而求出当地北极出地的高度。他用日晷（guǐ）测量并结合计算得到某日正午时分日影的长度；通过张诚的实测，二者完全相符。如此精确之密合，令满朝文武官员惊讶不已。康熙还在宫内经常进行天体观测，学习当时法国天文学家 G. D. 卡西尼（1625～1712 年）等人观测日食和月食的方法。康熙曾和张诚一起预报，康熙二十九年二月初一（1690 年 2 月 28 日）有日食发生。当日，文武百官陪康熙去观象台观看日食，皇帝的预言得到了验证。满朝大臣都十分佩服。

丰富的天文学知识，使康熙真正成为一个睿智过人的皇帝。当他南下江宁府（今南京市）时，仍带着天文仪器进行观测。对于《辽史》上

记载在辽朝首都临潢（热河境内）观测到老人星的问题，康熙在江宁通过实际观测指出了《辽史》记载的错误。1714年到1722年，在他的支持下，编纂成功《历象考成》（42卷）。当时天文学研究的成就与康熙参与天文学研究是有很大关系的。

图6－12 康熙亲自审订的名著

中国古代历代都重农，康熙也不例外，他重视农学的研究。他曾在丰泽园（今中南海内）辟水田种稻。有一次，他发现有一稻粒早熟，差不多早了两个月，次年再种下去仍是早熟。他把它称作“御稻米”，他平时吃的就是这种米。后来，这种稻米还在南方推广，可以一年两熟。康熙的这个成果被英国著名生物学家查理·罗伯特·达尔文（1809～1882年）写进了他的名著《物种起源》一书中。康熙还对纺织技术和农具制作技术进行了辑录。

康熙对几何学、代数学和测量学作了很多的研究。他不仅向传教士努力学习数学知识，而且曾同当时著名的数学家梅文鼎讨论过天文数学问题。在他的支持下，1690年至1721年间，《数理精蕴》（53卷）编纂成功。这部书是在张诚和白晋的译稿基础上，由梅瑴成（梅文鼎之孙）等人撰写。康熙亲自对此书作了序，并进行了审订。这部书曾广为流传，是人们学习和研究西方数学的重要典籍。由于康熙的数学功底很好，像梅瑴成等人都曾向他请教过一些数学问题，诸位皇子也向康熙学习数学知识。

据说，有一次，康熙生病了，他突然觉得应该学点儿医学。这样，张诚和白晋就为他讲解西方医学的知识，如人生病的原因，用药的常识。他们还讨论脉学的问题。康熙不仅学习西方医学知识，还参照西医的药典制作西药。1693年，康熙得了疟疾，御医也束手无策，后来吃了奎宁才治愈。中国人用此药治疟疾正是由于康熙的提倡才普及开来。为防天花而种痘，今天是一种很平常的防疫措施，而这种做法也是由于康熙的提倡才推广开来的。康熙还向白晋和另一法国传教士巴多明（1665～1741年，1689年来华）学习解剖学知识，以进一步研究病理学。通过学习，他掌握了英国医学家威廉·哈维（1578～1657年）关于血液循环的知识。康熙不仅向西方传教士学习医学知识，也同他们讨论中医理论。传教士曾把中国传统医学向西方做介绍，为中西医学交流做出了贡献。

在制图学和地学方面，康熙不仅认真地学习有关的知识，而且每每外出都结合所学进行仔细地考察。对于宋朝沈括（1031～1095年）发现的磁偏角现象，康熙也进行了验证，并且发现各地的磁偏角都有不同。1690年，清朝与俄国签订了《尼布楚条约》。当时，康熙想了解俄国使团来华的路线，但是，他发现地图上亚洲和中国的部分很粗略。于是，他决定组织一次实际测绘。在这次测绘中，他采用西方的测绘方法，并且组织了由中外人员组成的测绘队伍。这些人员花了8年时间，在641处测绘地点进行三角测量。1717年，各种测绘结果汇集京师，绘制出《皇舆全览图》和各省的分地图，共32幅。在测量的始末，康熙不仅是决策者，而且是一个水平很高的审订者。这次测量带来了两个重要的科学成果。一是统一了丈量尺度。康熙根据大家的意见规定经线1°的弧长为200里，后又改1°弧长为250里，合今天尺度200里。为此，确定工部营造尺（1尺＝0.317米）为标准，即一里为1800尺，相当于每尺合经线0.01秒。这种长度标准的确定，是中国度量衡史上的一个巨大进步。这个进步还表现在，把长度单位与地球经线每度弧长联系起来，这是世界度量单位发展史上的一个大创举。另外，在西方物理学发展史上，地球的形状曾引起很大的争论，这曾作为牛顿（1642～1727年）提出的引力理论的验证之一。牛顿认为地球形状为“扁圆”，法国天文学家雅克·卡西尼（1677～1756年，G.D.卡西尼之次子）认为是“长圆”，两种理论的争论很激烈。中国的测量为牛顿的地球“扁圆说”提供了有力的证据，法国的测量是在此后20年才进行的。中国的测量无疑为世界测地史上的一大贡献。

作为一位杰出的历史人物，康熙在科学上表现出的良好素质，以及他所具有的较高的研究水平 在历代君主中是不多见的。即使在今天，就其重视科学研究的意义上来看，康熙仍可作为国家领导人的楷模。

“前清学者第一人”——戴震

中国数学的发展可谓历史悠久，研究水平也是非常高的。然而，随着时间的推移，许多珍贵的文献资料却都遭到不同程度的损坏，甚至丢失。这种情况并不限于数学。为了保存这些古籍，许多学者做了大量的工作。清初学者戴震（1724～1777年）在这方面立下了大功。

戴震，字东原，安徽休宁（今黄山市）人。他9岁进私塾学习，很聪明，能过目成诵。他很喜欢独立思考，善于怀疑和提出问题。10岁那年，在学“四书”时，学到孔子弟子曾参编撰的《大学》中“右经”一章时，他与老师之间有一段对话：

戴震：我们怎么知道书上写的是孔子的话，并且由曾子记述的呢？

老师：这是朱子（著名哲学家朱熹）说的。

戴震：朱子是什么时候的人？

老师：南宋。

戴震：孔子和曾子是什么时候的人？

老师：东周。

戴震：东周和南宋相隔多少年？

老师：将近两千年。

戴震：相隔这样长的时间，书上又没有记载，朱子是怎么知道的呢？

由这段对话可以看出，小小年纪，就敢对前人是怎么搞清曾子对孔子言论的记述的真伪提出质疑，实在是难能可贵。这种品格也一直贯穿

图6－13　戴震

（1724～1777年）

在戴震追求真理、刻苦钻研的一生。

戴震读书，每个字义都力求搞得清楚明白。由于家贫，18岁时，曾到江西、福建等地教书，以维持生计。20岁时才返回安徽，到歙（shè，射）县拜江永（1681～1762年）为师。江永在数学和天文学研究上很有造诣，他的品格也深为戴震敬佩。戴震向江永学习数学、天文学和经学，学术上的进步是很明显的，写出了《策算》（1744年）、《六书论》（1745年）、《考工记图注》（1746年）。在这些著作中，他发挥了江永的见解，在学术上已超过了老师。特别是《考工记》一书，历代学者都感到读起来很困难。戴震的《考工记图注》一出，当时的著名学者纪昀（yún，匀）等人就把它视为奇书。

戴震在学术上的成就引起了社会的注目，但是他的生活条件却日见穷蹙（cù，促），甚至有时一日粥饭都难以为继。1755年，戴氏宗族内的一些豪强还仗势欺人，强占其祖坟，并且贿赂官府迫害戴震。不得已，他只得奔走京师，寄宿在歙县会馆，生活极为困难。

由于戴震的学术成就，京师的许多著名学者纪昀、钱大昕（xīn）、王昶（chǎng）、秦蕙田等人都争相与他结交。秦蕙田还把戴震请到家里讲书。礼部尚书王安国也请戴震教授其子，这就是后来成为著名大学者的王念孙。

然而，由于戴震把过多的精力放在科学研究上，对八股文并不重视，因此在1762年中举人后的10年内，他先后5次入都会试均不第。在这期间，尽管他为生活而奔波于北京、山西、江苏，但是他的学术研究更为活跃，取得了众多成就。

1773年，戴震49岁。经纪昀等人的竭力推荐，戴震成为“四库馆”的纂修官，参加编纂四库全书的工作。他在馆内工作了4年，撰写四库全书天算类提要，编辑出十部著名的《算经》和《水经注》等书。

由于戴震在学术研究上的成就和名望，乾隆三十九年（1774年），他被破格特准参加殿试，赐同进士出身，并赐翰林院庶吉士。遗憾的是，戴震一生过着贫寒的生活，学术研究又使他心力极度耗费，致使他在1776年患了脚病。初时他并未介意，但是后来病情日渐加重，终使他不能行走。在病榻上，戴震仍勤奋读书。在临终前10余日还在编写《声类表》（9卷）。1777年，因庸医用药有误，戴震病逝于北京，终年53岁。

戴震平生没有什么嗜好，唯专于读书。他对数学、天文学、哲学、工程学、地理学、水利、文字学都有深入研究，著述很多，有20余种。对于古算术的研究，戴震最突出的成就是对“算经十书”的校勘上。这十部数学名著是：《周髀算经》《九章算术》《海岛算经》《孙子算经》《五曹算经》《夏侯阳算经》《张邱建算经》《五经算术》《缉古算经》《数术记遗》。这十部书反映出，中国在南宋之前的科学技术发展，在世界上居于领先地位，这十部数学著作代表了当时世界数学研究的最高水平。但是，由于清代以来，中国科技逐渐停滞和落后，包括“算经十书”在内的科学著作先后失传。致使在像梅文鼎这样的大学者都未曾见过《九章算术》、《海岛算经》和《五经算术》等名著。

戴震对“算经十书”的辑佚工作极为用心。他是从明初编纂的《永乐大典》中辑录下来的。这是一件很难做的工作。《永乐大典》是把书拆散，按类辑而成；而反过来再从这些段落中重新辑成整书，其难度是可以想见的。通常，人们认为把《海岛算经》、《五经算术》和《九章算术》从《永乐大典》中重新辑成原书几乎是不可能的。然而，经过戴震的努力，使之大功告成。当时乾隆皇帝对此倍加赞赏，并且在《九章算术》后写诗称颂。诗中写道：

算术由来非所学，不知难强以为知。

大成广集钦皇祖，六艺曾论愧仲尼。

分韵笑他割裂者，补图欣此粹完之。

时为显晦晦今显，是用摛（chī）毫作弁词。

其中“皇祖”指康熙皇帝。孔子所教“六艺”中包括数学。“分韵”是《永乐大典》的体例按韵分类。

比起梅文鼎的研究来说，戴震的研究主要是发掘和继承，而梅文鼎则更侧重于发展和创新。

戴震也是一位哲学家，他反对程朱理学，提倡唯物主义哲学，在中国哲学史上也占有重要的地位。他的学术成就是多方面的，且每一方面都有所建树，特别是能融会中西方的成就来推动中国科学的发展。历史学家梁启超曾把戴震尊为“前清学者第一人”。

王清任解开“横膈膜”之谜

学习医学的学生，为了弄清人体的结构，总要亲眼看看或亲自动手参与对人体的解剖过程。但是，在中国奴隶社会和封建社会都是不允许从医人员这样做的。理由很简单，当时流行着一种思想：身体、皮肤、头发都是父母所授，人们没有理由去让人毁伤。这对医学发展当然极为不利。随着生物和医学的发展，人们越来越感到，医生不清楚人体的构造，怎么能知道人体的生理过程，怎么能准确无误地判断病情！在200年前，有一位习武的秀才对此已有明确的认识。

这位武秀才的名字叫王清任（1768～1831年），一名全任，字勋臣。他是河北玉田县雅洪桥东村人，为人性情磊落。从20岁开始行医，他努力钻研医术，在家乡小有名气。在玉田曾流行鼠疫，这种传染病十分猖獗，人们称之为“黑死病”。王清任经过研究，精心配制出“通窍活血汤”、“膈下逐瘀汤”等方剂，治愈了不少病人，方圆几百公里的百姓都慕名前来就医。

像其他医生一样，对一些经典性的医学著作总是需要反复阅读和思考的。王清任阅读时，总觉得古人对于脏腑的认识存在不少错误。例如，有的书上说，肺有6叶2耳24孔，空气就是从这些小孔进出的。也有的书上说，肺像个蜂窝，底下没有孔，吸气则满，呼气则虚。又如，古人认为肝由左3叶、右4叶组成，王清任则认为肝只有4叶，并指出，胆囊附着在右肝第2叶上。王清任为什么有这么大的把握去怀疑和纠正古医

图 6－14　王清任
（1768～1831 年）

学典籍的说法呢？

古人关于人体构造的认识有许多错误，怎么纠正呢？王清任觉得应进行实际解剖。但是这种事在当时谈何容易。据说，南北朝时，有一人患肚子痛，曾吐出过 20 多条虫子。此人后来还是因此病而故去。死前对家人说，等死后剖开肚腹，请医生看个究竟。搞清楚了病因，就可以对医生治疗类似的疾患提供借鉴。可是当人们知道此事后，家人就遭殃了。官府判定，将家人“凌迟”。这就是千刀万剐啊！面对封建礼教的束缚，王清任只得进行一些巧妙的解剖研究。

有一次王清任外出，他发现了一个得了传染病而死的小孩，穷人家买不起棺材就用席子裹起来扔掉了。这个死孩被狗啃食过，满地散乱着肢体，加上天热，尸腐变臭，人们都掩鼻而过。王清任也是掩鼻而过，但是过去之后他又回来了。他想，这正好可以验证一下古书中的记载。这样，他每日清晨都到那里去查看，连看了 10 天。他从 100 多个小尸体中找到了 30 多个完整的小尸体。他发现，关于脏腑，古籍上有许多错误。这时，他就想写一本纠正古医书中错误的书。

王清任曾在奉天（辽宁省）行医。有一次，官府处死一名女犯。她因疯病不能控制自己而杀死了公公和丈夫。王清任想借此机会看看她的

图 6－15　王清任解剖孩子尸体

脏腑结构。遗憾的是，她是女犯，他不好近前观看行刑。当行刑人员提着女犯的心、肝、肺从他的面前走过时，他便抓紧时间仔细观看它们的结构。在北京崇文门，他也见过这种犯人的脏腑。但是对于胸腹之间的膈膜，他却一直没有弄清楚。

王清任在行医期间，结合行医实践，觉得应当写一本有关解剖学的著作（“记脏腑之书”）。为此动手著书，并不断地去看死尸。在写作时，每次想描述一下膈膜的形状，总写不出来，因为他从未见过。出版商多次催他完稿，但是王清任一想起膈膜之事，就觉得书不完整，难以付梓（zǐ，雕版）。不管他去了多少次刑场和坟场，还是未能见到。

也是事有凑巧。1829年，王清任去北京安定门一位姓恒的人家看病人。谈话之间，又谈到了王清任的书，特别是他的认真和负责精神，深为病人感动。几天之后，王清任又去恒家看病，患者对王清任讲，他的一个亲戚是恒敬公，任江南布政使。恒敬公曾在新疆哈密镇守，见到过尸体。第二天，患者介绍王清任去恒敬公府拜访。恒敬公性格很直爽，问明来意，就把他看到的膈膜一一描述出来。这样，王清任寻访42年才把脏腑的结构搞清楚。他将此绘成图，绘好之后，还拿到恒家，请恒敬公给予指点。

经过30余年的写作，1830年，王清任最终写完了他的大作——《医林改错》。由于中医不注重生理研究，王清任的著作在当时西医未曾流传的情况下是一个重要的创新。他的书对于中国传统医学的发展和改良，做出了重大的贡献。

据说，王清任还饲养了一些家畜，以进行解剖比较。这是一种比较性实验研究，也是中国第一个应用动物解剖实验方法的人。在解剖研究中，王清任发现了一些新的组织结构，如会厌、幽门括约肌等，特别是胰管的发现，对中国医学研究是一大贡献。

英国人曾将《医林改错》的一部分译出，介绍给外国人，对中外文化交流产生了积极的影响。

“尝拟雄心胜丈夫”

在封建社会，妇女的地位十分低下，她们要受到各种不平等的限制。通常，她们主要是操持家务，有些才气的也多是玩一玩“琴棋诗画”，以此消磨时光。然而，也有例外。如东汉著名史学家班固的妹妹班昭，她继承哥哥的遗志，完成了《汉书》。她所写的部分就包括《天文志》，这也是我们今天研究西汉天文学的重要史料。此后，虽有个别妇女进行过天文学的研究，但也只是凤毛麟角。在清代，著名天文学家王锡阐的妹妹王锡蕙也研究过天文数学。遗憾的是她未留下她的研究成果。

在王锡蕙之后，出现了一位杰出的女天文学家，她的名字叫王贞仪，字德卿，生于乾隆三十三年（1768 年），卒于嘉庆二年（1797 年）。她的原籍是安徽天长县。父亲王锡琛（chēn）是一位游医，医术很高，也懂得数学和占卜星象之术。祖父曾做过知府，并且喜好读书，据说装书的箱子有 70 多个。因此可以说，她出身于一个书香门第的家庭。

王贞仪少时十分好学，博览群书，闲暇时也喜欢骑马射箭。她曾师从于一位蒙古将军学射箭。她的射箭技术很好，每发必中。少年时代，她随家人游历过许多地方，如吉林、北京、陕西、湖北、广东、安徽等地，游览了许多名胜古迹，见闻极广。

王贞仪不但读诗文，而且也读很多自然科学方面的书籍。她并不是读死书，而是仔细分析，认真思考。当时人们普遍认为，回归年（太阳视圆面中心相继两次过春分点所经历的时间）与恒星年（地球绕太阳公

图 6－16　王贞仪夜观天象

转一周所经历的时间）的差别是汉武帝时期（公元前 140～前 87 年）编制的《太初历》时发现的。王贞仪则发现，是晋代天文学家虞喜发现“岁差”时才对二者进行区别的。对于岁差的测定，有人认为用土圭可以测得。她则认为，土圭只能测日影，岂能测岁差？还有人认为，古人没有认识到太阳视运行速度的变化。王贞仪则指出，北齐张子信就已发现了这一现象，隋代刘焯（544～610 年）、唐代李淳风（602～?）和一行（673～727 年）则进行了更精密的测量。由此可见，王贞仪是一位水平很高的天文学史的研究专家。

王贞仪还坚持观测天象。在晴朗的夜晚，人们已经入睡，王贞仪还独自一人在院子里望着夜空，仔细地观察星象的变化。在观测之余，她还进行了一些模拟实验。例如，日食和月食是如何形成的？她决心做实验搞出个究竟。在夜里，她在房内挂起灯笼来比做太阳，圆桌比做地球，镜子当作月亮。而后反复调整三者的相对位置，并且多次实验，终于搞清楚日食和月食形成的原理。她的研究结论写入了她的《月食解》一书中，可以看到，她的认识同现代天文学的日月食原理是相吻合的。

地球是圆球形状，这已是一个很普通的常识。在王贞仪生活的年代，怀疑地球为球形的人并不多，但是人们站在球形大地上为什么不倾倒却没有人去考虑。王贞仪则进行了认真的研究，并记入了她的《地圆论》一书中。她认为，人们站在地球上并不倾倒，是由于人头上是天，脚下是地。她认为，这也适于全宇宙，即上与下、正与侧是相对的，并无严格区别。

由于天文学研究要求有较好的数学基础，因此，王贞仪对数学的学习非常重视，特别对梅文鼎的数学著作爱不释手。她将研究心得写成一些数学专著，甚至还对西方的数学和天文学知识有所研究。

王贞仪对气象学也有研究。据说，在宣城时，有一年，她对一些农民说，今年将发生涝灾，应多种高秆作物。又一年，她对一些农民说，今年将发生旱灾，应种早熟作物。有意思的是，她的话全都应验了。有人向她请教其中的奥秘，她的解释也很有意思。她说，她看见蚂蚁群从洼地向高地迁移，则那年必涝；她看见天空中云的形状常常形成一种鱼鳞状，未出现圆锥状的云团，为此那年必旱。因此，人们就常向她请教气象问题。

王贞仪的自然观也是很科学的，她对迷信活动很反感。她认为，像《葬经》之类的书是骗人的鬼话。《葬经》是搞迷信的术士假托东晋郭璞所作。郭璞被杀后埋在金山（今江苏镇江），因此，后人曾写诗讽刺他。大意是说，郭璞的身体埋在此处感觉如何呢？你找了那么好的风水宝地，怎么还难逃杀身之祸?! 王贞仪借此指出今世之人竟然还迷信郭璞的《葬经》，实在是可怜又可笑!

王贞仪只活了30岁，但是她的研究成果却很多。作为封建时代的一个弱女子，她的这种顽强精神实属少见。她写了不少书，临终之前，曾叮嘱她的丈夫，把书稿交付她的一位好友——江苏吴江的蒯夫人。蒯夫人也是一位才女，受王贞仪之托，她把王贞仪的大部分著作都刻印出来，使得这位古代最杰出的女天文学家的研究成果得以流传下来。

王贞仪一生刻意求学、勇于探索的精神可用她的一句诗句概括之：

“尝拟雄心胜丈夫。”

振兴俄罗斯科学的皇帝——彼得大帝

1672年5月30日，对于俄罗斯来说是个重要的日子，沙皇阿列克谢·米哈伊洛维奇的年轻皇后生下一子。因此，莫斯科京城的教堂和修道院钟声齐鸣，以示普天同庆的意思。父亲为这位皇子起名字叫彼得，这是罗曼诺夫王朝的第三代君王。有趣的是，老沙皇的第一位皇后虽生有5个儿子，但都是低能儿或病儿；第二位皇后只有一子，但却身体很健康。

1682年，老沙皇和彼得的哥哥相继去世后，彼得与另一个哥哥伊凡共同称帝。以后彼得又将伊凡废黜，由他独立执政，这就是历史上著名的彼得一世大帝。

彼得一世的童年所受到的教育是很平常的，只是学一些读、写、算等基本技能，再加上一些宗教、历史、地理等方面的知识。聪明的彼得对此并未费多少气力。

彼得一世的学习主要是在成年时期进行的。除了天赋，彼得学习亦非常认真和刻苦。他对历史学和地理学很有研究，晚年曾编撰《北方大战史》。他对造船技术和城市建设也很重视，特别是造船业的发展一直受到他的关注。

喜欢体力劳动，也是彼得一世不同于其他皇帝的最大特点。彼得小时候就喜欢动手进行各种制作，如砌墙、制作家具、打铁等。据说，他至少精通12种手艺，他的车工技术可谓技艺超群，但最拿手的是木工，

图 6－17 彼得大帝
（1672～1725 年）

一般的木工同他比起来也相形见绌。尽管当时的俄国是一个大陆国家，但从长远来看，海军对于国家发展是极为重要的，因此彼得一世很重视海军建设。为了创建海军，第一件事就是造舰船。为此，他亲自带领工匠干起来。他那娴熟的木工手艺，使许多造船技师都佩服得五体投地。

为了建设海军，彼得一世认为需要一批专家，而这正是俄国所缺乏的。他决定派 35 名留学生到国外去学习航海学和造船技术。这 35 人中有 23 人是公爵，其中皇帝自己也化名彼得·米哈伊洛夫加入这一行列。他同时还率使团去欧洲访问。

欧洲造船中心是荷兰的萨尔丹城。他在去阿姆斯特丹访问前有一周空闲，因此就先到萨尔丹参观考察。他去造船厂、木材厂、造纸厂仔细考察，还参加了木器制作。

在萨尔丹的参观过程中，由于彼得一世个子高大，很多到过莫斯科的荷兰人一眼就认出了他，许多人都乐于同他打招呼。这位沙皇

“处处都表现出不寻常的求知欲，他经常寻访那些知识渊博的人，不耻下问。他具有敏锐的观察力，不同一般的理解力，以及非同寻常的记忆力。对于他熟练的技巧不少人叹为观止，有时他甚至超过那些较有经验的工匠”。

进行完国事访问，彼得一世又回到工场学习造船技术。在荷兰专家的指导下，他与学生们一起建造一艘三桅巡洋舰。据说，当时的工作条件并不好，许多人对沉重的体力劳动吃不消而想回国，但彼得一世吃苦耐劳的精神树立了榜样，使他们坚持了下来。

当他们造好“彼得一保罗”号巡洋舰之后，学生们都获得了技术证书。沙皇也不例外，荷兰师傅称赞他“是个勤奋而聪明的木工”，他不仅掌握了“船舶建筑学和绘图技术”，并达到了“我们本人所掌握的程度”。“彼得一保罗”号巡洋舰做过远航，曾几次到过印度。造船的经验使他后来在建立新舰队时发挥了作用。20 年后，彼得一世又来到荷兰，他感兴趣的还是造船厂、手工作坊，并且他已成为海军中将和造船业的设计和制造专家。

彼得一世离开了荷兰之后，他又带领 16 名留学生到英国深造。他认为，荷兰师傅有很多造船经验，但缺少理论。他想在英国学习造船理论，当一名工程师。他在英国的 4 个月时间主要放在学习造船技术理论上。这次英国之行同样是隐姓埋名的。

与此同时，彼得一世还参观了伦敦的许多企业，并参观了牛津大学、格林威治天文台和造币厂。他在天文学上的兴趣显然是同发展航海业密切相关的。他看到英国压制硬币花纹的冲模机，当即表示要购买这种机器。

彼得一世还同科学界有交往，他请一位数学家去俄国工作，他让著名画家伦勃朗的学生克涅勒给他画像。据说，他还拜访了牛顿，但谈话的内容没有记载。

1698 年，彼得一世回到俄国就开始了大刀阔斧的改革。他首先下令，所有的人要剪掉胡子。他曾亲自为一些人剪胡子。剪胡子的事情并不是什么大事，但由于俄国人信奉的东正教把胡子看作“上帝赐与的饰物”，而且当做俄罗斯自豪的标志，推行此事并不简单。更重要的是，这是彼得一世推行一系列改革的先声。

第二年，彼得一世又对传统服饰进行改革。他认为，衣服袖子太长，做什么事情都不方便。在一次宴会上，他亲自操刀为与会的人剪袖子。一边剪一边说：“长袖子实在碍事，不是碰撞了杯子，就是沾上了汤汁而弄污袖子，剪下的袖头够缝一双靴子了。”

1699 年底，彼得一世又作出了一项重大决定。他下令俄罗斯采用新历法，把“耶稣降生之日”作为“创世纪元”，即每年的开始是 1 月 1 日，而不是过去的 9 月 1 日。这样，下一年的开始是 1700 年 1 月 1 日。

1701 年，彼得一世下令又创办航海学校。办校的目的是培养航海业的人才，同时还培养炮兵和工程兵的人才。在这所学校开设的课程有几何学、算术、三角学、天文学、航海学等内容，可见都是为培养现代化人才开设的课程。

彼得一世开始扩大造船业的规模，为建造庞大的舰队打下基础。他决定在彼得堡建立造船厂，这座造船厂对后来俄国海军的发展发挥了重要作用。后来，彼得一世迁都到彼得堡，在进行皇宫建设时还不忘多种柞树。他认为，种植柞树是“我给别人做个榜样，为的是让我们的后代用树木去造军舰。我干活想到的不是自己，我想的是为千秋万代造福”。

彼得一世还改进了俄文字体，使书写更为简便。1708 年，使用新字体的书籍被印制出来，后经不断改善，到 1710 年，彼得一世最终确定了俄文规范的字体。加上 1703 年使用阿拉伯数字，使出版的发展极为迅速。

在出版的书籍中有不少是译著，而如何翻译好外文著作，彼得一世要求译者应做到言简意赅且通俗易懂，如果不这样做，就“只能浪费读书人的时间”。这对教育的普及也起到重要的作用。

1717 年，彼得一世再度访问荷兰，又去了法国巴黎。在巴黎，他参观了一些学校和医院。他在医院看到了治疗白内障的手术操作。他还会见了不少知名学者，参加科学院的会议，同科学家们谈话。他也参观了制镜厂、造币厂、军工厂、药店等。科学昌明和工业发达的巴黎给这位沙皇留下了很深的印象，使他流连忘返。

由于首都迁到彼得堡，彼得一世在世时一直都在经营他的夏宫。在夏宫的草地上建了一座陈列馆，陈列馆内有一个大地球仪，这是一位公爵赠给彼得一世的，彼得一世把它放在此处供人参观。这个地球仪的外表面是地球表面图；进入内部向天空仰望，可观察天象。它的直径有 3 米多，可以转动，每天转动一周。动力来源于一台水力发动机。

离此不远处，彼得一世还把一座罪官府邸没收后改建成一个图书馆和一个博物馆。图书馆内藏有不少书籍，几年内就收集了 1 万多册书。这些书可供人们借阅。博物馆也从国外征集了不少藏品，例如，彼得一世在阿姆斯特丹一位解剖学家处得到的不少解剖学和动物学标本就存放于此。此外，彼得一世从瑞典收买了不少被瑞典人缴获的旧式俄国大炮。俄国科学家进行地质考察时也得到不少地质标本和古代文物，它们也成了博物馆的展品。

彼得一世不愧为一代英主，他对科学的巨大热情和认真态度受到科学界的认可。法国科学院曾授予他院士称号，彼得在答谢的信函中明确表示：“我的愿望无过于使科学开灿烂之花，以表示我不愧列为贵院的一员。”他充分意识到教育和科学对国家发展的重要意义。早在 1720 年，他就明确指示，凡科学研究所用的设备应统筹计划。经过几年的筹办，1724 年，他同几位主要大臣明确表示要招聘国内外专家筹建科学院。

这所科学院不同于欧洲的科学院，它含大学、中学和科学院本身，是“三合一”的机构。彼得一世决定，科学院院士“薪水从丰”，并拨出巨额经费供科学院使用。1725 年 8 月，科学院召开第一次院士代表会议。这所科学院为俄罗斯科学发展发挥了巨大的作用。近 300 年来，它也为世界科学的发展做出了巨大贡献。

科学院建立起来了，彼得一世却离开了人世。1725 年 1 月 28 日，彼得一世在极度的痛苦中到了另一个世界。但是，这位热爱科学、热爱祖国的君王连同他创立下的业绩永久地载入了史册。历史怎样创造了这样的一位伟人呢？彼得一世曾对此有清醒的认识：“国王造就不了伟大的大臣，但大臣却能造就伟大的国王。”

俄罗斯科学的始祖——罗蒙诺索夫

在俄罗斯遥远的北方，有一个渔村。村中的一个渔户，父亲是一位有经验的渔夫，家中有一位非常聪明的男孩，他的名字叫米哈伊尔·瓦西里耶维奇·罗蒙诺索夫（1711～1765年）。虽然家境贫寒，但小罗蒙诺索夫还是生活得非常愉快。遗憾的是，8岁时他母亲去世了。后来的继母待他不好，因此，10岁时他就随父亲出海捕鱼了。

刚一出海，罗蒙诺索夫就被浩翰的大海迷住了，他望着无际的大海，憧憬着美好的事物。他特别喜欢海鸥，因为海鸥提示着渔群的位置，因而它们引导着渔船的航行。在晚上，望着北方的天空，有时还能看到彩色的极光。最令罗蒙诺索夫奇怪的是，为什么一天有两次潮水的涨落？

然而，大海并非总是如此的温存，它发起脾气时可是够骇人的。暴风掀起波涛，把渔船时而掀起，时而又抛下。小罗蒙诺索夫感到茫然无措，不过看到父亲的镇定态度，小罗蒙诺索夫也镇静了下来。

冬季来临，海面漂浮着冰山，在阳光的照耀下，更显得晶莹剔透。但是风暴来临，波涛载着冰山直向渔船冲过来，大有泰山压顶之势。这时，父子二人就要全力扭转船舵以迅速躲开浪涛。暴雨的袭击也是来者不善……海上的遭遇，磨炼着小罗蒙诺索夫的性格。

罗蒙诺索夫喜爱大海，每当从渔舱卸下各种捕获物，脸上都露出骄傲的笑容。可是，进到村子里，看到邻居家的同伴捧着书本，他十分羡慕。他都10多岁了却没上过学，听着同伴讲文字的奥秘，他十分惊奇。

图6-18 罗蒙诺索夫
(1711～1765年)

以后，每当回到村子时，他就跑到邻居家学认字。回到家中，就废寝忘食地读起来。为这事，他也没少同继母发生争吵。他还把这些书拿到船上去念，只要一拿起书本，就全身心地投入进去。

读书给罗蒙诺索夫带来了无穷的乐趣。后来，他找到一本《算术》和一本《语法》。他学到许多运算规则和文法知识，其中还有一些天文和航海知识。学习这些知识的快乐心情是从未有过的，并且足以抵消继母带来的不快。但是，罗蒙诺索夫也明显感到有很大的不满足。

19岁时，罗蒙诺索夫学习的心情更加强烈了，因而他要告别父母，只身到莫斯科去求学。临行之时，父亲还想留住他，让他做一个好渔夫。但罗蒙诺索夫决心已下，不论遇到什么困难，他都勇往直前。

罗蒙诺索夫离家时，父亲无钱给他，只是让他带着一些盐、咸鱼和花布，好心的邻居给了他几个卢布做盘缠。就这样，他走了一个半月才到莫斯科。

在投考学校时，罗蒙诺索夫发现，学校的大门并未向穷人敞开。他正在发愁的时候，偶然碰到了家乡的一位神甫。老神甫在一所学校任教，他被这位青年求学的执着所感动。他帮助罗蒙诺索夫编造了贵族的出身。

不管怎样，这使罗蒙诺索夫踏进了校园。

在课堂上，最初罗蒙诺索夫总是受到同学们的嘲笑，因为他穿的衣服鞋子又旧又破。父亲认为他上学是胡闹，也不支付他上学的费用。他一天只能领到 3 戈比的生活费，所以，他的伙食很糟，一天只有一块面包和一杯格瓦斯。有些同学还笑话他，都 20 岁了才学拉丁文。当时学校有个规定，按学习成绩排座位，学习最差的排在最后一排。学习取得进步后，就可向前挪。由于罗蒙诺索夫很聪明，加上他刻苦学习，他的座位很快就移到了最前排，并且在半年内就升到了三年级。几年后，他在数学、拉丁文和俄语方面都取得了合格的成绩。

毕业后，罗蒙诺索夫又在莫斯科的一所神学院学习，最后他以第一名的成绩毕业。这时，彼得堡科学院和彼得堡大学合并了，俄国元老院要为彼得堡科学院物色一批优秀的青年。尽管费了一番周折，学校还是推荐了罗蒙诺索夫进入彼得堡科学院。

1736 年，罗蒙诺索夫到了科学院。幸运的是，罗蒙诺索夫又被推荐到德国深造。他的老师是克里斯琴·沃尔夫（1679～1754 年）。沃尔夫是莱布尼茨的学生，是欧洲的著名学者。罗蒙诺索夫很喜欢沃尔夫，特别是沃尔夫很重视实验，罗蒙诺索夫也有同感。罗蒙诺索夫对物理和化学课程很重视，他从中了解到伽利略和波义耳的理论。罗蒙诺索夫思考了很多问题，特别是对“燃素”说有着不同的看法。他带着问题又选学了哲学课。罗蒙诺索夫对文学、历史和地理也有浓厚的兴趣。在学习了德国的文学、诗歌和语法之后，他深感俄文的缺陷。为此，他决定改造俄国诗文的格律。

在德国留学期间，罗蒙诺索夫同一位名叫叶丽扎白特·齐丽赫的美丽少女结婚，尽管他的岳父并不满意这桩婚事，但还是无可奈何。学习期满后，罗蒙诺索夫先回国，三年后他的妻子才到了俄国。

1741 年，罗蒙诺索夫回到彼得堡。当时主持物理学研究的是一位俄籍德国物理学家 Г. В. 利赫曼（1711～1753 年），他们一起对雷电进行研

究。利赫曼在静电学研究上很有成就，他最后的研究题目是雷电，但没有死于雷击。他被雷电殛死的传说不过是作家虚构出来的故事。但是，进行雷电研究的确是有危险的，利赫曼的无畏精神应受到人们的称赞。

在彼得堡科学院，罗蒙诺索夫曾组织并主持化学实验室。在物理学和化学研究上，罗蒙诺索夫注意到波义耳（1627～1691 年）煅烧金属的实验，他纠正了波义耳的错误，并且提出了物质不灭原理，这比法国的拉瓦锡（1743～1794 年）提出类似的定律要早 10 多年。在热现象研究中，罗蒙诺索夫坚持热的运动说的观点，他提出了能量守恒思想，100 年后，这成为了物理学理论的重要基础。由于他的研究成就，他当选为科学院院士和莫斯科大学的化学教授。

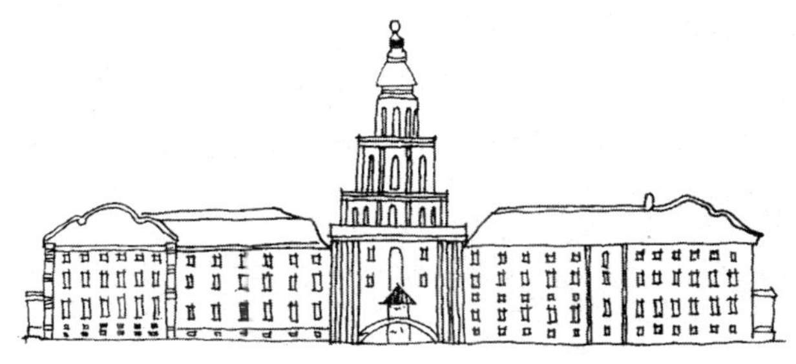

图 6－19　莫斯科大学

由于罗蒙诺索夫出身微贱，他很重视平民教育，他曾积极倡导建立莫斯科大学。在建校方针上，他坚持对来校的学生不问出身，唯才是举，一视同仁。1755 年，莫斯科大学终于建成，成为当时俄罗斯的最高学府，为培养人才起到了重要作用。

罗蒙诺索夫在天文学研究上坚持哥白尼的“日心说”观点，他嘲笑道，“偶像崇拜的顽固派妄想擒住天文学的地球，不许转动”。他对哥白尼学说给予很高的评价，“哥白尼终究重新建立了太阳系学说，使他的大名永垂至今”。他对科学的独立自主性做了俏皮的说明，他说：“数学家要用规尺去测度神意的狂妄，也等于神学教师设想从圣诗里能学到天文学和化学一样荒谬。”罗蒙诺索夫还写诗讽刺宗教的荒谬，为此当时的圣教院向女皇告罗蒙诺索夫的黑状，请女皇下令把罗蒙诺索夫交给圣教院，对罗蒙诺索夫进行“必需的训诫和纠正”。幸好聪明的女皇回绝了圣教院的要求，否则的话，也许要重演审判伽利略的悲剧。

罗蒙诺索夫是俄罗斯科学史上的一颗巨星，他的建树除了化学和物理学，在地质学、天文学、气象学等方面也有贡献。著名的诗人普希金赞誉他道：“罗蒙诺索夫把非凡的意志力和非凡的理解力结合起来了，因而他包罗了文化的一切部门，对科学的热爱是这个充满热情的人最强烈的热情。他是历史学家、修辞学家、机械学家、化学家、矿物学家、艺术家和诗人，他对一切都曾亲身体验过，并深入地研究过。”

罗蒙诺索夫对科学表现出的巨大热情，甚至在他临终之时仍强烈地表示出来，他说遗憾的是，他不能为祖国利益，为发展科学，为科学院荣誉而进行工作了。但是，罗蒙诺索夫的攀登科学高峰的坚强意志却激励着一代又一代的俄罗斯科学家进行不懈的研究，使俄罗斯的科学技术走在了世界的前列。